发动机机械典型项目

主　编
陈建军　马俊峰　易晓燕
主　审
苏建中

中国财经出版传媒集团
中国财政经济出版社

图书在版编目（CIP）数据

发动机机械典型项目/陈建军，马俊峰，易晓燕主编．－－北京：中国财政经济出版社，2021.11

ISBN 978-7-5223-0927-9

Ⅰ.①发⋯　Ⅱ.①陈⋯②马⋯③易⋯　Ⅲ.①汽车－发动机－车辆检修－教材　Ⅳ.① U472.43

中国版本图书馆 CIP 数据核字（2021）第 232378 号

责任编辑：蔡　宾　　　　　　责任校对：胡永立
封面设计：陈宇琰

发动机机械典型项目

FADONGJI JIXIE DIANXING XIANGMU

中国财政经济出版社 出版

URL：http://www.cfeph.cn

E-mail：cfeph@cfemg.cn

（版权所有　翻印必究）

社址：北京市海淀区阜成路甲28号　邮政编码：100142
营销中心电话：010-88191522　编辑部门电话：010-88190666
天猫网店：中国财政经济出版社旗舰店
网址：https://zgczjjcbs.tmall.com
北京中兴印刷有限公司印刷　各地新华书店经销
成品尺寸：185mm×260mm　16开　6印张　102 000字
2021年12月第1版　2021年12月北京第1次印刷
定价：20.00元
ISBN 978-7-5223-0927-9
（图书出现印装问题，本社负责调换，电话：010-88190548）
本社质量投诉电话：010-88190744
打击盗版举报热线：010-88191661　QQ：2242791300

　　本书是根据《中等职业学校汽车运用与维修专业教学指导方案》中主干课程《汽车发动机构造与维修教学基本要求》，结合"1+X"证书制度下汽车行业职业技能等级鉴定标准编写，是适用于中等职业学校汽车运用与维修专业的教学用书。本书充分体现基于汽车发动机机械典型项目教学理念，在选取技能训练项目过程中，编者大量走访本地汽车维修企业和校企合作的大型维修企业和厂商，对常见汽车发动机机械典型项目进行归纳总结，进而提炼出适合中等职业学校汽车运用与维修专业技能教学的项目，在此基础上对汽车发动机机械典型项目项目进行教学改造，从而形成技能训练与考核的活页式教材。

　　本书主要介绍汽车发动机机械典型项目的操作步骤、技术要求以及操作过程中的注意事项，内容包括：发动机外围部件的拆装、气缸盖的拆装及检测、凸轮轴的拆装及检测、活塞连杆组的拆装及检测、曲轴的拆装及检测、气缸体的检测六个项目。所有技能项目均给出规范作业步骤，并对每个步骤提出明确的技术要求、操作安全注意事项及操作步骤图片，有机地将理论学习和技能训练融为一体，同时还给出了每个项目详细的考核要求。编者在编写过程中对各训练项目进行了反复操作，并查阅了大量的维修资料。本书可作为汽车保养技术、汽车维修技术等专业的基本技能训练与考核课程通用教材，亦可作为汽车维修企业、汽车售后服务部门等企事业单位的售后服务专业技术人员及管理人员的培训教材和参考用书。

　　本书由重庆市巴南职业教育中心学校陈建军、马俊峰与易晓燕共同主编，苏建中主审，参编人员有：陈彬、卢勇、杨锐、傅晗、蔡运涛、陆顺鑫、杨秀国、陈旸灿。

由于编者学识和水平有限，疏漏之处在所难免，敬请读者批评指正。

编者

2021年10月

CONTENTS 目录

◎ **项目一　发动机外围部件的拆装**　　1
　　任务一　总成外围部件的拆卸　　2
　　任务二　总成外围部件的装配　　8

◎ **项目二　气缸盖的拆装及检测**　　15
　　任务一　气缸盖的拆装　　16
　　任务二　气缸盖平面度的检测　　23

◎ **项目三　凸轮轴的拆装及检测**　　31
　　任务一　凸轮轴的拆装　　32
　　任务二　凸轮轴的检测　　38

◎ **项目四　活塞连杆组的拆装及检测**　　45
　　任务一　活塞连杆组的拆装　　46
　　任务二　活塞连杆组的检测　　53

◎ 项目五 曲轴的拆装及检测   60
   任务一 曲轴的拆装   61
   任务二 曲轴的检测   68

◎ 项目六 气缸体的检测   74
   任务一 气缸体变形的检测   75
   任务二 气缸体磨损的检测   82

◎ 参考文献   89

项目一

发动机外围部件的拆装

任务一　总成外围部件的拆卸

学习目标

通过本项目任务学习，培养学生拆卸总成外围部件的能力以及安全作业能力，具体表现如表1-1所示。

表1-1

序号	类型	目标
1	知识目标	①能叙述发动机外围部件的拆卸流程 ②能叙述发动机外围部件的名称、作用及实际安装位置
2	技能目标	①能按照正确的工艺流程拆卸发动机外围部件 ②能正确使用汽修常用工具
3	素养目标	①具有爱岗敬业、诚实守信、吃苦耐劳的工作态度 ②具有安全、规范操作、环保的意识

任务导入

张老师的丰田汽车有声音发出，汽车会出现抖动、怠速不稳、加速无力易熄火等情况。维修人员初步排查，可能是某一总成外围部件出现了问题，准备对该车的总成外围部件进行拆解检测。

学习资源

一、实训场地（如表1-2所示）

表1-2

实训地点	工位序号	安全检查

二、工具设备（如表1-3所示）

表1-3

序号	名称	检查确认	序号	名称	检查确认
1	汽车发动机		4	记号笔	
2	发动机拆装翻转架		5	维修手册	
3	世达工具车		6	扭力扳手	

知识回顾

发动机是汽车的动力源，它是将某一种形式的能量转换为机械能的机器。目前除为数不多的电动汽车外，汽车发动机都是采用将燃料燃烧所产生的热能转变为机械能的发动机，称为热力发动机，简称热机。热力发动机一般又分为内燃机与外燃机。直接以燃料燃烧所生成的燃烧产物为工质的热机为内燃机，反之则为外燃机。内燃机包括活塞式内燃机和燃气轮机。外燃机一则包括蒸汽机、汽轮机和热气机（也称斯特灵发动机）等。内燃机与外燃机相比，具有热效率高、体积小、起动性能好、便于移动和维修方便等优点，因而广泛应用于现代汽车及其他交通工具中，尤其是活塞式内燃机。

一台发动机要转起来，需要给火花塞供电，需要冷却，需要供油，需要控制怠速等，这些都要外围的结构实现。

进气部分，空气从外界进入气缸的通道。它的内壁光滑与否很是影响进气的效率。在进气管路上，会有空气流量传感器，氧传感器等电子部件，以帮助ECU来控制发动机。若是某一个传感器出问题，会报错，但不至于打不着火。

机械增压，位于进气的管路上，用一个齿轮泵增加进气量，同时增加进气的压强。齿轮泵是通过皮带传动，直接和发动机相连的，所以机械增压没有时滞，低速表现好，这也是越野车喜欢选用机械增压的关系。

增压涡轮，位于进气管路上，负责增加进气的压力。发动机正常的进气是通过负压，吸进去的，加上涡轮后，气体就是被灌进去的了。驱动涡轮用的就是排气，所以，这个结构也就决定了涡轮的时滞现象，以及低速的时候不起作用。

中冷器，位置安装在进气管路，增压器的后面，根据气体状态定律，增大压强，势必提高了气体的温度，过高的温度，将可能点燃要喷入气缸的燃油，所以要增加一个散热器。这种散热器多用在涡轮增压上。

泄压阀，位于进气管路上，在增压器的后面，它的作用是限制增压值。当增压值大过限定时，气体会从这里泄出来，保证进气的安全。

排气部分，将气缸中的废气排出去。它的内壁光滑程度也很大程度影响排气效率。排气的管路的气阻还会影响到发动机的动力输出。具体表现为，稍大的气阻，有利于发动机爆发更大的扭矩。

发电机，一般打开机器就能看见，和发动机通过皮带链接。我们汽车的大灯、仪表盘、电动车窗所需的电，都是来自发电机。同时点燃可燃混合气的火花塞所需的电，也是来自发电机。

操作流程（如表1-4所示）

表1-4　　　　　　总成外围部件平面度检测标准化作业流程表

学生姓名：　　　　　　班级：　　　　　　作业时间：

序号	作业示图	作业内容	作业说明
		作业前准备工作	
1		作业环境检查 ①检查工位是否存在安全隐患 ②检查工位是否配备灭火器	质量意识 安全意识
2		工具、设备检查 检查作业所需要的工具、量具设备是否完备	质量意识
		作业流程及标准	
		总成外围部件的拆卸	
1		进气歧管的拆卸	正确选用工量具
2		用高压线钳拔下各缸点火高压线，按顺序摆放	正确选用工量具
3		拔下油压调节器上的真空软管	正确选用工量具
4		拆下燃油分配管上的紧固螺栓，取下燃油分配管总成（油压调节器、喷油器、燃油分配管）	正确选用工量具
5		拆下节气门总成的紧固螺栓，取下节气门总成	正确选用工量具
6		拆下进气歧管的支架与发动机和进气歧管的紧固螺栓	正确选用工量具
7		拆下进气歧管和气缸盖之间的连接螺栓（内六角，上2个，下4个，2个螺帽）	正确选用工量具
8		取下进气歧管	正确选用工量具
9		取下进气歧管衬垫	正确选用工量具

续表

序号	作业示图	作业内容	作业说明
10		按顺序拆卸进气歧管	正确选用工量具
11		排气歧管的拆装	正确选用工量具
12		拆下排气管护罩上的螺栓，并取下护罩	正确选用工量具
13		拆下排气歧管上的紧固螺栓（上、下各4个），取下排气歧管	正确选用工量具
14		取下排气歧管衬垫	正确选用工量具
15		安顺讯拆卸排气歧管	正确选用工量具
16		同步带的拆装	正确选用工量具
17		将曲轴转到第一缸的上止点位置	正确选用工量具
18		拆卸同步带的上防护带	正确选用工量具
19		将凸轮轴同步带轮的标记对准同步带防护罩上的标记	正确选用工量具
20		拆卸曲轴前端的曲轴带轮	正确选用工量具
21		拆卸同步带的中间防护罩	正确选用工量具
22		拆卸同步带下防护罩	正确选用工量具
23		在同步带上做好方向记号	正确选用工量具
24		松开半自动张紧轮并拆下同步带	正确选用工量具
25		其他外围附件的拆装	正确选用工量具
26		松开爆震传感器的紧固螺栓，拆下1号和2号爆震传感器	正确选用工量具
27		拔下水温传感器的卡簧，拆卸水温传感器	正确选用工量具
28		用机油滤清器扳手拆下机油滤清器	正确选用工量具
29		拆下发电机与发动机连接螺栓，取下发电机总成	正确选用工量具
作业后整理工作			
1		7S管理	标准意识、管理意识、环保意识
2		完善工单	①字迹清晰 ②语句通顺 ③无错别字 ④无涂改 ⑤无抄袭
3		交付验收	质量意识、沟通能力、服务意识

学习考评

作业工单如表1-5所示。

表1-5

工作任务:				考核时间:	分钟	
姓名:		班级:		学号:		学生签字:
学习:□合格 □不合格		练习:□合格 □不合格		考核:□合格 □不合格		
日期:		日期:		日期:		
总成外围部件						
总成外围部件拆卸顺序:						
总成外围部件的拆卸原则:						

学习反馈

学习质效反馈表如表1-6所示。

表1-6　　　　　　　　　　　学习质效反馈表

工作任务				教师	
学生姓名		班级		日期	
学习质效反馈					
反馈项目	自评	互评	师评	努力方向、改进措施	
作业准备	□合格 □不合格	□合格 □不合格	□合格 □不合格		
操作过程	□合格 □不合格	□合格 □不合格	□合格 □不合格		
工单填写	□合格 □不合格	□合格 □不合格	□合格 □不合格		
职业素养	□合格 □不合格	□合格 □不合格	□合格 □不合格		
学生签字		组长签字		教师签字	

考核报告

实训考核报告如表1-7所示。

表1-7　　　　　　　　　　　　实训考核报告

实训时间：	实训课程：						
学生姓名：	工作任务：						
学生班级：	实训成绩	自评（学习）		互评（练习）		师评（考核）	
一、实训目的							
二、实训准备							
三、实训过程							
四、实训收获							
知识		技能			素养		
五、实训建议							

任务二　总成外围部件的装配

学习目标

通过本项目任务学习,培养学生装配总成外围部件的能力以及安全作业能力,具体表现如表1-8所示。

表1-8

序号	类型	目标
1	知识目标	①能叙述发动机外围部件的装配流程 ②能叙述发动机外围部件的名称、作用及实际安装位置
2	技能目标	①能按照正确的工艺流程装配发动机外围部件 ②能正确使用汽修常用工具
3	素养目标	①具有爱岗敬业、诚实守信、吃苦耐劳的工作态度 ②具有安全、规范操作、环保的意识

学习时间（如表1-9所示）

表1-9

建议学时	
新授课	强化训练

学习安排（如表1-10所示）

表1-10

课堂环节	时段一（新授课）	时段二（强化训练）
能力分析	√	
规范流程	√	
轮换练习	√	√
学习考评	√	√
学习反馈	√	√

》学习导入

张老师的丰田汽车有声音发出，汽车会出现抖动、怠速不稳、加速无力易熄火等情况。经检测，发动机进气量不足。维修人员拆解外围部件后进行检测。然后，如何对总成外围部件进行装配呢？

❖ 学习准备

一、实训场地（如表1-11所示）

表1-11

实训地点	工位序号	安全检查

二、工具设备（如表1-12所示）

表1-12

序号	名称	检查确认	序号	名称	检查确认
1	汽车发动机		4	记号笔	
2	发动机拆装翻转架		5	维修手册	
3	世达工具车		6	扭力扳手	

❖ 学习内容

一、发动机总成装配的技术标准

1.对已经选配校合的零件和组合件再次清洗，吹干，擦净，确保清洁，润滑油道必须清洁畅通。

2.曲轴轴承和连杆轴承的垫片不能错装或漏装。

3.曲轴轴承盖和连杆轴承盖的螺栓，螺母，应按规定力矩拧紧。

4.各种锁止装置应齐全、完整、贴合、可靠。

5.正确选配活塞裙部同气缸壁间的间隙。

6. 正时齿轮应啮合正常。

7. 正确检调配气相位和气门间隙。

8. 拧紧气缸盖螺栓、螺母，必须从气缸盖中央起，按顺序彼此交叉，逐渐向外，分次进行，最后一次应按规定力矩拧紧。

二、发动机总成装配的操作步骤及修理要点

1. 气缸体为装配基础，由内到外地分段装配。

2. 准备装配用的零件部件、组合件及总成，装配前都需要清洁。

3. 对不能互换或有装配规定的部件，应按原位装合，不得错乱，对相对位置有装配记号的零部件，必须按方向、部位正确安装，并对准装配标记。

4. 主要部件的螺栓、螺母应按规定扭矩，逐渐、均衡地拧紧。气缸盖紧固螺栓（母）拧紧时，应按从中间到两侧、两端的顺序，逐渐交叉进行。最后一次的拧紧力矩应符合规定。

5. 各种螺栓（母）的锁止件应按规定装配完整齐全，服帖可靠，不得遗漏和损伤，大修时应全部换新。

6. 主要部位的配合间隙应符合技术标准要求。

7. 装配过程中应尽量采用专用工具，防止损坏零件。

8. 相对运动的零部件的摩擦表面，在装配时均匀涂抹洁净机油。

9. 装配过程中应严格检查各活动零部件之间，有无运动不协调现象。

10. 对有特殊要求或规定的部位（机构），应严格按特定工艺或原厂规定进行。

◆ 操作流程（如表1-13所示）

表1-13　　　　　　　　总成外围部件装配标准化作业流程表

学生姓名：　　　　　　　班级：　　　　　　　作业时间：

序号	作业示图	作业内容	作业说明
		作业前准备工作	
1		作业环境检查 ①检查工位是否存在安全隐患 ②检查工位是否配备灭火器	质量意识、安全意识
2		工具、设备检查 检查作业所需要的工具、量具设备是否完备	质量意识

续表

序号	作业示图	作业内容	作业说明
作业流程及标准			
1		安装发电机与发动机连接螺栓,安装发电机总成。	正确选用工量具
2		用机油滤清器扳手安装机油滤清器	正确选用工量具
3		装配水温传感器的卡簧,安装水温传感器	正确选用工量具
4		拧紧爆震传感器的紧固螺栓,安装1号和2号爆震传感器	正确选用工量具
5		拧紧半自动张紧轮并安装同步带其他外围附件	正确选用工量具
6		找到同步带上做好的方向记号	正确选用工量具
7		安装同步带下防护罩	正确选用工量具
8		安装同步带的中间防护罩	正确选用工量具
9		安装曲轴前端的曲轴带轮	正确选用工量具
10		将凸轮轴同步带轮的标记对准同步带防护罩上的标记	正确选用工量具
11		安装同步带的上防护带	正确选用工量具
12		将曲轴转到第一缸的上止点位置	正确选用工量具
13		同步带的安装	正确选用工量具
14		装复排气歧管时,按与拆卸相反的顺序进行	正确选用工量具
15		安装排气歧管衬垫	正确选用工量具
16		安装排气歧管上的紧固螺栓(上、下各4个),安装排气歧管	正确选用工量具
17		安装排气管护罩上的螺栓,并安装护罩	正确选用工量具
18		排气歧管的安装	正确选用工量具
19		装复进气歧管时,按与拆卸相反的顺序进行	正确选用工量具
20		安装进气歧管衬垫	正确选用工量具
21		安装进气歧管	正确选用工量具
22		安装进气歧管和气缸盖之间的连接螺栓(内六角,上2个,下4个,2个螺帽)	正确选用工量具
23		安装进气歧管的支架与发动机和进气歧管的紧固螺栓	正确选用工量具
24		安装节气门总成的紧固螺栓,安装节气门总成	正确选用工量具

续表

序号	作业示图	作业内容	作业说明
25		安装燃油分配管上的紧固螺栓，安装燃油分配管总成（油压调节器、喷油器、燃油分配管）	正确选用工量具
26		安装油压调节器上的真空软管	正确选用工量具
27		安装各缸点火高压线，按顺序摆放	正确选用工量具
28		进气歧管的安装	正确选用工量具
作业后整理工作			
1		7S管理	标准意识、管理意识、环保意识
2		完善工单	①字迹清晰 ②语句通顺 ③无错别字 ④无涂改 ⑤无抄袭
3		交付验收	质量意识、沟通能力、服务意识

学习考评

作业工单如表1-14所示。

表1-14

工作任务：		考核时间： 分钟	
姓名：	班级：	学号：	学生签字：
学习：□合格 □不合格	练习：□合格 □不合格	考核：□合格 □不合格	
日期：	日期：	日期：	
总成外围部件			
总成外围部件装配顺序：			
总成外围部件的装配原则：			

学习反馈

学习质效反馈表如表1-15所示。

表1-15　　　　　　　　　　学习质效反馈表

工作任务				教师	
学生姓名		班级		日期	
学习质效反馈					
反馈项目	自评	互评		师评	努力方向、改进措施
作业准备	□合格 □不合格	□合格 □不合格		□合格 □不合格	
操作过程	□合格 □不合格	□合格 □不合格		□合格 □不合格	
工单填写	□合格 □不合格	□合格 □不合格		□合格 □不合格	
职业素养	□合格 □不合格	□合格 □不合格		□合格 □不合格	
学生签字		组长签字		教师签字	

考核报告

实训考核报告如表1-16所示。

表1-16　　　　　　　　　　实训考核报告

实训时间：		实训课程：			
学生姓名：		工作任务：			
学生班级：	实训成绩	自评（学习）	互评（练习）		师评（考核）
一、实训目的					

续表

二、实训准备		
三、实训过程		
四、实训收获		
知识	技能	素养
五、实训建议		

项目二
气缸盖的拆装及检测

发动机机械典型项目

任务一　气缸盖的拆装

学习目标

通过本项目任务学习，培养学生拆装发动机气缸盖的能力以及安全作业能力，具体表现如表2-1所示。

表2-1

序号	类型	目标
1	知识目标	①叙述发动机气缸盖拆装流程 ②描述汽修现场作业的安全知识 ③叙述气缸盖的结构、类型和功能
2	技能目标	①能按照正确的工艺流程拆装发动机气缸盖 ②能正确使用汽修常用工具
3	素养目标	①具有爱岗敬业、诚实守信、吃苦耐劳的工作态度 ②具备团结协作、严谨分析的能力 ③具有安全、文明生产、规范操作、创新、环保的意识

任务导入

田老师的车辆五菱之光出现发动机难以启动、怠速不稳和加速无力的症状。维修人员初步排查，可能是发动机气缸盖出现问题，准备对该车的气缸盖进行拆解检测。

学习资源

一、实训场地（如表2-2所示）

表2-2

实训地点	工位序号	安全检查

二、工具设备（如表2-3所示）

表2-3

序号	名称	检查确认	序号	名称	检查确认
1	发动机		5	铲刀	
2	发动机支撑台架		6	角度器	
3	预置式扭力扳手		7	垫块	
4	世达工具车		8	抹布	

❖ 知识回顾

一、气缸盖概述

气缸盖的作用是密封气缸，与活塞、气缸壁共同形成燃烧空间，并承受高温高压燃气的作用。气缸盖承受气体作用力和紧固气缸螺栓所造成的机械负荷，由于与高温燃气接触而承受很高的热负荷。为了保证气缸的良好密封，气缸盖既不能损坏，也不能变形。因此，气缸盖应具有足够的强度和刚度如图2-1所示。

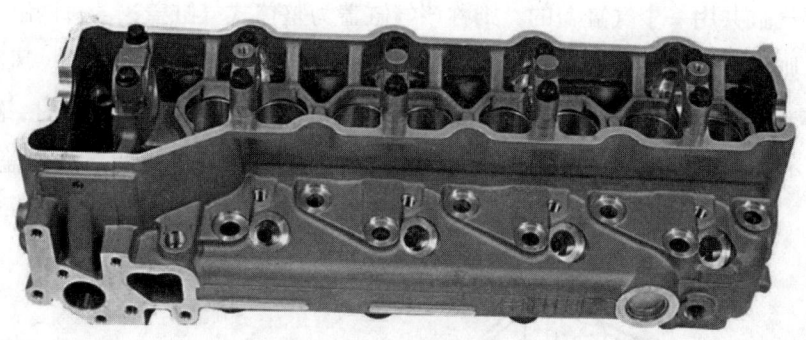

图2-1 气缸盖

气缸盖一般都由优质灰铸铁或合金铸铁铸造，轿车用的汽油机则多采用铝合金气缸盖。铝合金导热性好，有利于提高发动机的压缩比。另外，铝合金铸造性能优异，适于浇铸结构复杂的零件。但必须注意铝合金气缸盖的冷却，控制其底平面的温度在300℃以下。否则，底平面过热将产生塑性变形而翘曲。

二、气缸盖的结构

气缸盖是结构复杂的箱形零件。其上加工有进、排气门座孔,气门导管孔,火花塞安装孔(汽油机)或喷油器安装孔。在气缸盖内还铸有水套、进排气道和燃烧室或燃烧室的一部分。若凸轮轴安装在气缸盖上,则气缸盖上还加工有凸轮轴承孔或凸轮轴承座及其润滑油道。气缸盖底面如图2-2所示。

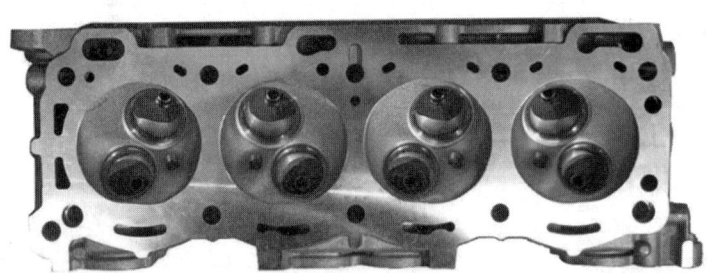

图2-2　气缸盖底面

三、气缸盖的分类(水冷式发动机)

水冷式发动机的气缸盖有整体式、分块式和单体式三种结构形式。在多缸发动机中,全部气缸共用一个气缸盖的,则称该气缸盖为整体式气缸盖;若每两缸一盖或三缸一盖,则该气缸盖为分块式气缸盖;若每缸一盖,则为单体式气缸盖。风冷发动机均为单体式气缸盖。四缸发动机的一机一盖如图2-3所示;六缸发动机的一缸一盖如图2-4所示;六缸发动机的一机一盖如图2-5所示;六缸发动机的三缸一盖如图2-6所示。

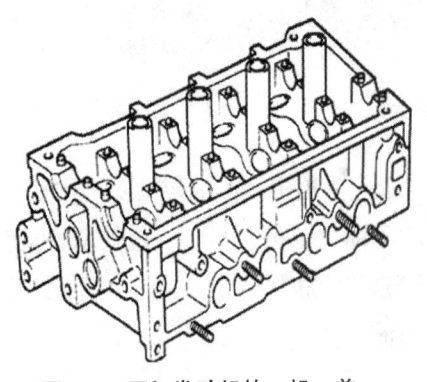

图2-3　四缸发动机的一机一盖

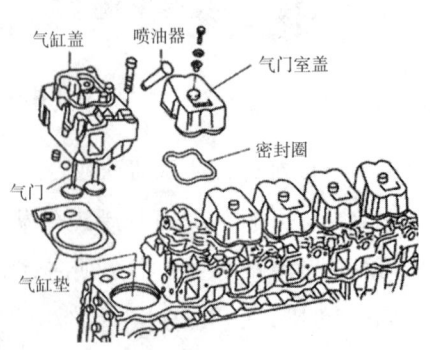

图2-4　六缸发动机的一缸一盖

项目二 气缸盖的拆装及检测

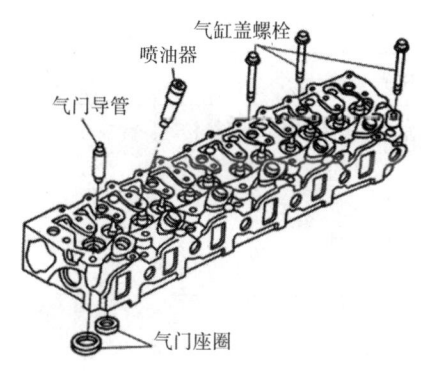

图2-5 六缸发动机的一机一盖

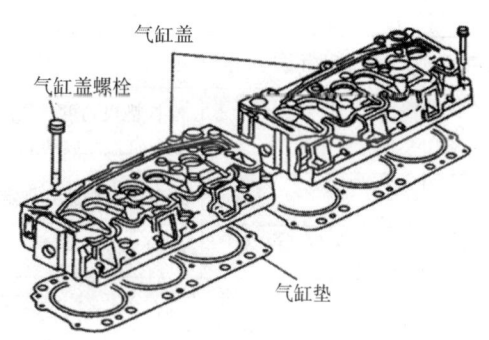

图2-6 六缸发动机的三缸一盖

操作流程（如表2-4所示）

表2-4　　　　　气缸盖平面度检测标准化作业流程表

学生姓名：　　　　　　　　班级：　　　　　　作业时间：

序号	作业示图	作业内容	作业说明
作业前准备工作			
1		作业环境检查 ①检查工位是否存在安全隐患 ②检查工位是否配备灭火器	质量意识 安全意识
2		工具、设备检查 检查作业所需要的工具、量具设备是否完备	质量意识
作业流程及标准			
汽缸盖的拆卸			
1		取下气缸盖罩放在规定位置，将垫块、垫木准备好	
2		选择12号套筒、短接杆、指针式扭力扳手	
3		用指针式扭力扳手拧松缸盖螺栓，按对角线原则从两边到中间拧松90°	
4		用棘轮扳手按对角线原则从两边到中间拧出气缸盖螺栓	
5		用吸铁棒吸出螺栓按相应顺序放到垫木上	
6		用吸铁棒吸出垫片按相应顺序放	
7		用黑色油性记号笔在挺柱上做好相应的记号	
8		用吸铁棒吸出挺柱按顺序放到垫木上	

续表

序号	作业示图	作业内容	作业说明
9		检查垫块高度，用胶锤敲击缸盖，然后再用起子撬松，取下缸盖侧放到垫块上	
10		取下气缸垫放到规定位置上	
11		整理工位	
气缸盖的装配			
1		清洁气缸体、缸垫、螺栓、垫片（铲刀、毛刷、气枪）	
2		将气缸垫按规定方向装于缸体上	
3		检查各油道孔、水道孔是否对准，位置是否正确	
4		用双手平稳地将气缸盖放到缸体上	
5		用双手左右晃动一下，检查是否安装到位	
6		安装螺栓及垫片，在螺栓螺纹和结合面涂抹机油	
7		按对角线原则从中间到两边用手将螺栓拧紧几牙，再用棘轮扳手拧紧到位	
8		查询维修手册，找到气缸盖螺栓的拧紧要求力矩	
9		将预置式扭力扳手调至要求力矩，并按对角线原则从中间到两边用手将螺栓拧紧，听到"哒"响声后代表拧紧到位用记号笔在螺栓前端打上记号	
10		用指针式扭力扳手按顺序将螺栓拧紧90°，观察一下所转动的角度	
11		清洁缸盖表面，安装气门室罩，再清洁发动机气门室罩及外围	
12		整理工位	
作业后整理工作			
1		7S管理	标准意识、管理意识、环保意识
2		完善工单	①字迹清晰 ②语句通顺 ③无错别字 ④无涂改 ⑤无抄袭
3		交付验收	质量意识、沟通能力、服务意识

学习考评

作业工单如表2-5所示。

表2-5

工作任务:				考核时间:	分钟	
姓名:		班级:		学号:		学生签字:
学习:□合格 □不合格		练习:□合格 □不合格		考核:□合格 □不合格		
日期:		日期:		日期:		
气缸盖螺栓拧紧力矩						
气缸盖螺栓拆装顺序: ● ● ● ● ● ● ● ● ● ●						
气缸盖螺栓的拆装原则:						

学习反馈

学习质效反馈表如表2-6所示。

表2-6　　　　　　　学习质效反馈表

工作任务				教师	
学生姓名		班级		日期	
学习质效反馈					
反馈项目	自评	互评		师评	努力方向、改进措施
作业准备	□合格 □不合格	□合格 □不合格		□合格 □不合格	
操作过程	□合格 □不合格	□合格 □不合格		□合格 □不合格	
工单填写	□合格 □不合格	□合格 □不合格		□合格 □不合格	
职业素养	□合格 □不合格	□合格 □不合格		□合格 □不合格	
学生签字		组长签字		教师签字	

考核报告

实训考核报告如表2-7所示。

表2-7 实训考核报告

实训时间:		实训课程:				
学生姓名:		工作任务:				
学生班级:		实训成绩	自评（学习）	互评（练习）		师评（考核）
一、实训目的							
二、实训准备							
三、实训过程							
四、实训收获						
	知识		技能		素养	
五、实训建议							

任务二　气缸盖平面度的检测

学习目标

通过本项目任务学习，能对气缸盖的平面度检测作业，具体达成以下能力，如表2-8所示。

表2-8

序号	类型	目标
1	知识目标	①了解气缸盖的主要损坏形式 ②了解气缸盖变形后对发动机正常工作产生的影响 ③熟悉气缸盖变形的原因
2	技能目标	①掌握刀口尺的使用与保养方法 ②掌握厚薄规的使用与保养方法 ③掌握气缸盖变形的检测流程
3	素养目标	①具有爱岗敬业、诚实守信、吃苦耐劳的工作态度 ②具备团结协作、严谨分析的能力 ③具有安全、文明生产、规范操作、创新、环保的意识

学习时间（如表2-9所示）

表2-9

建议学时	
新授课	强化训练
2	2

学习安排（如表2-10所示）

表2-10

课堂环节	时段一（新授课）	时段二（强化训练）
能力分析	√	
规范流程	√	

续表

课堂环节	时段一（新授课）	时段二（强化训练）
轮换练习	√	√
学习考评	√	√
学习反馈	√	√

▶▶ 学习导入

田老师的车辆五菱之光出现发动机难以启动、急速不稳和加速无力的症状。经检测，相邻两缸的气压都较低。维修人员拆解气缸盖后准备进行检测。

气缸盖的变形会引起该故障吗？

如果故障真的是由气缸盖变形引起的，气缸盖的变形应该如何来检测呢？

◆◆ 学习准备

一、实训场地（如表2-11所示）

表2-11

实训地点	工位序号	安全检查

二、工具设备（如表2-12所示）

表2-12

序号	名称	检查确认
1	汽车发动机	
2	发动机支撑台架	
3	刀口尺	
4	厚薄规	
5	维修手册	
6	铲刀	
7	抹布	

学习内容

一、气缸盖变形的定义

气缸盖变形是指气缸盖与气缸体的结合平面（下平面）的平面度误差超限。

气缸盖变形使结合面不能平顺结合，导致气缸密封不严，漏气、漏油，冲坏气缸垫，使发动机无法正常工作。

气缸体上下平面螺纹孔周围产生凸起，大多数是由于装配时气缸盖螺栓的拧紧力过大，或装配时螺纹孔中的油、水、污物清理不净。拧紧螺栓时，螺纹孔附近在过大的拉力下产生凸起，或污物的影响使螺栓拧入的深度不足，螺孔在很高的燃气压力作用下而变形。另外，由于在拧紧气缸盖螺栓时扭力过大或不均，或不按顺序拧紧以及在高温下拆卸气缸盖等原因也会引起气缸体与气缸盖的变形。在修理中，由于各主轴承孔的间隙不均，轴承座孔中心线产生偏差，轴承与座孔的贴紧度不够或轴承的变形等原因，使气缸体承受额外的压力而引起变形。在使用中，长期在高转速、大负荷条件下工作，润滑不足、烧瓦抱轴等也会引起气缸体的变形。

二、厚薄规（塞尺）的功用

厚薄规由薄钢片制成，并由若干片不同厚度的规片（尺）组成一组。它主要用来检查两结合面之间的缝隙，所以也称为"塞尺"或"缝尺"。在每片尺片上都标注有其厚度为多少毫米。

厚薄规具有两个平行的测量平面，其长度制成50mm、100mm或200mm，测量厚度规格为0.03~0.1mm的厚薄规，中间每片相隔0.01mm。如果厚度为0.1~1mm的，则中间每片相隔0.05mm。

三、注意事项

因为厚薄规的尺片很薄，所以操作时应当特别注意、仔细，稍不注意就会将尺片曲伤。如果是若干尺片重合一起使用，就应将最薄的尺片夹在中间。厚薄规在使用前必须先将尺片擦拭干净。

在台面（平面）上塞缝的操作方法如图2-7所示，先将尺片前端一小段塞进缝内，左手拿尺套，右手食指（尽量靠近工件）压住尺片，靠手指与尺片的摩擦力（有时衬上细纱布）轻轻地小心往前推（这种方法主要用于0.10以下的薄尺片）。

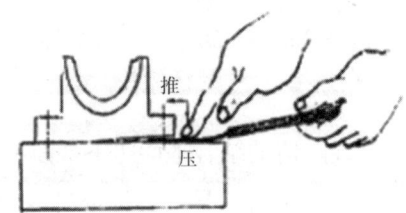

图2-7 平面上塞缝的操作方法

在弧面上塞缝的操作方法如图2-8所示，与上述相同，但尺片要贴在外弧面上。

在立缝上塞缝的操作方法如图2-9所示，左手拿尺套，右手拇、食二指尽量靠前捏住尺片，其他三指自然收拢，轻轻地试着向里插。

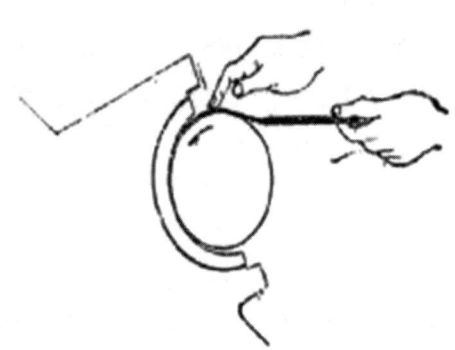

图2-8 弧面上塞缝的操作方法

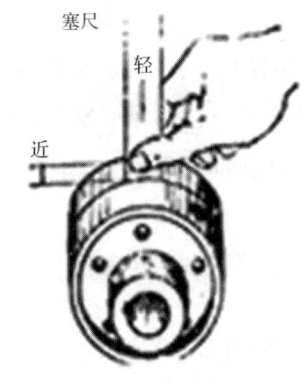

图2-9 立缝上塞缝的操作方法

由于尺片很薄（有的只有0.02毫米），工作中难免曲伤，曲伤的尺片有时可剪去一段，但这种方法建议非不得已尽量不要采用。曲伤的尺片应当设法修正后再用。修整方法是将尺片从尺套上取下，放在滚压机上碾平，但这种设备一般工厂不一定具备。习惯的修整办法，如图2-10所示，将曲伤的尺片凸面朝上，放在光平的台面上，用一块顶端（立面）修平的硬木按在尺片上向前推压，用力要适当，并要使之在整个齿面宽度上受力均匀。

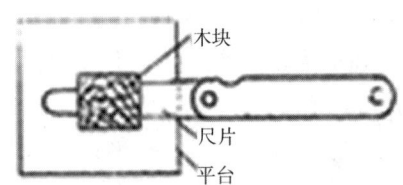

图2-10 尺片修整办法

尺片用过后，要擦拭干净，涂上防腐油，妥善保管。

项目二　气缸盖的拆装及检测

❖ 操作流程（如表2-13所示）

表2-13　　　　　　　　气缸盖平面度检测标准化作业流程表

学生姓名：　　　　　　　班级：　　　　　　　作业时间：

序号	作业示图	作业内容	作业说明
作业前准备工作			
1		作业环境检查 ①检查工位是否存在安全隐患 ②检查工位是否配备灭火器	质量意识、安全意识
2		工具、设备检查 检查作业所需要的工具、量具设备是否完备	质量意识
作业流程及标准			
1		将缸盖放平，用铲刀、气枪清洁气缸盖 目视检查缸盖表面是否有腐蚀、裂纹等	7S意识
2		选用专用工具刀口尺，使用抹布清洁刀口尺表面	7S意识 正确选用量具
3		清洁塞尺，选择厚度合适的塞尺片	正确选用量具
4		将刀口尺平放在气缸盖表面，用塞尺在纵向两个方向测量平面度误差，以检查是否有变形 每个方向测量五个值，将数据填表。测量值如果小于0.02毫米而测不出来，表内值可以填小于0.02毫米	正确使用量具
5		将刀口尺平放在气缸盖表面，用塞尺在对角线两个方向测量平面度误差，以检查是否有变形 每个方向测量五个值，将数据填表。测量值如果小于0.02毫米而测不出来，表内值可以填小于0.02毫米	正确使用量具
6		将刀口尺平放在气缸盖表面，用塞尺在横向两个方向测量平面度误差，以检查是否有变形 每个方向测量五个值，将数据填表。测量值如果小于0.02毫米而测不出来，表内值可以填小于0.02毫米	正确使用量具
7		清洁刀口尺、塞尺，放回盒里	7S意识
8		处理数据，所有值中的最大值即为气缸盖的平面度	数据分析能力
9		查询维修手册，得出检测结果，并给出相应的维修意见	正确查询资料的能力
作业后整理工作			
1		7S管理	标准意识、管理意识、环保意识

27

续表

序号	作业示图	作业内容	作业说明
2		完善工单	①字迹清晰 ②语句通顺 ③无错别字 ④无涂改 ⑤无抄袭
3		交付验收	质量意识、沟通能力、服务意识

学习考评

作业工单如表2-14所示。

表2-14

工作任务：				考核时间： 分钟	
姓名：		班级：		学号：	学生签字：
学习：□合格 □不合格		练习：□合格 □不合格		考核：□合格 □不合格	
日期：		日期：		日期：	
位置号		测量结果	位置号		测量结果
1			4		
2			5		
3			6		
平面度					
是否合格					
维修意见					

标注出测量点的位置：

学习反馈

学习质效反馈表如表2-15所示。

表2-15　　　　　　　　　　学习质效反馈表

工作任务				教师	
学生姓名		班级		日期	
学习质效反馈					
反馈项目	自评	互评		师评	努力方向、改进措施
作业准备	□合格 □不合格	□合格 □不合格		□合格 □不合格	
操作过程	□合格 □不合格	□合格 □不合格		□合格 □不合格	
工单填写	□合格 □不合格	□合格 □不合格		□合格 □不合格	
职业素养	□合格 □不合格	□合格 □不合格		□合格 □不合格	
学生签字		组长签字		教师签字	

考核报告

实训考核报告如表2-16所示。

表2-16　　　　　　　　　　实训考核报告

实训时间：		实训课程：					
学生姓名：		工作任务：					
学生班级：		实训成绩	自评（学习）		互评（练习）		师评（考核）
一、实训目的								

续表

二、实训准备		
三、实训过程		
四、实训收获		
知识	技能	素养
五、实训建议		

项目三

凸轮轴的拆装及检测

任务一　凸轮轴的拆装

学习目标

通过本项目任务学习，培养学生拆装凸轮轴的能力以及安全作业能力，具体表现如表3-1所示。

表3-1

序号	类型	目标
1	知识目标	①熟悉凸轮轴及相关零部件的构造 ②掌握凸轮轴及相关零部件的位置关系
2	技能目标	①掌握凸轮轴及相关零部件的拆卸方法 ②掌握凸轮轴及相关零部件的装配方法
3	素养目标	①具有爱岗敬业、诚实守信、吃苦耐劳的工作态度 ②具备团结协作、严谨分析的能力 ③具有安全、文明生产、规范操作、创新、环保的意识

任务导入

李老师的车辆桑塔纳轿车在启动时发现打火不灵，发动机很难启动。在热车时加油很难加起或者直接停火。维修人员初步排查，可能是凸轮轴出现问题，准备对该车的凸轮轴进行拆装。

学习资源

一、实训场地（如表3-2所示）

表3-2

实训地点	工位序号	安全检查

二、工具设备（如表3-3所示）

表3-3

序号	名称	检查确认	序号	名称	检查确认
1	发动机台架		5	垫块	
2	世达工具车		6		
3	机油壶		7		
4	清洁布				

知识回顾

一、凸轮轴的布置位置

按照布置位置凸轮轴分为三种：凸轮轴下置式、凸轮轴中置式和凸轮轴上置式。三者都可用于气门顶置式配气机构。凸轮轴下置的配气机构中的凸轮轴位于曲轴箱中部。当发动机转速较高时，为了减小气门传动机构的往复运动质量，可将凸轮轴位置移到气缸体的上部，由凸轮轴经过挺柱直接驱动摇臂，而省去推杆，这种结构称为凸轮轴中置式配气机构。

二、凸轮轴的作用

凸轮轴是活塞发动机里的一个部件。它的作用是控制气门的开启和闭合动作。凸轮轴的主体是一根与气缸组长度相同的圆柱形棒体。上面套有若干个凸轮，用于驱动气门。凸轮轴的一端是轴承支撑点，另一端与驱动轮相连接。

凸轮的侧面呈鸡蛋形。其设计的目的在于保证汽缸充分的进气和排气，具体来说就是在尽可能短的时间内完成气门的开、闭动作。另外考虑到发动机的耐久性和运转的平顺性，气门也不能因开闭动作中的加减速过程产生过多过大的冲击，否则就会造成气门的严重磨损、噪声增加或是其他严重后果。因此，凸轮和发动机的功率、扭矩输出以及运转的平顺性有很直接的关系。

凸轮轴与曲轴之间的常见传动方式包括齿轮传动、链条传动以及齿形胶带传动。链条传动常见于顶置凸轮轴与曲轴之间，但其工作可靠性和耐久性不如齿轮传动。近年来，在高转速发动机上广泛使用齿形胶带代替传动链条，但在一些大功率发动机上仍然使用链条传动。齿形胶带具有工作噪声小、工作可靠以及成本低等特点。对于双顶置凸轮轴，一般是排气凸轮轴通过正时齿形胶带或链条由曲轴驱动，进气凸轮轴通过金属链条由排气凸轮轴驱动，或进气凸轮轴和排气凸轮轴均由曲轴通过齿形胶带或链条驱动。

安装凸轮轴时，一定要注意凸轮轴带轮或链轮上的正时标记。有些发动机没有明显的正时标记，维修人员可以在拆卸凸轮轴之前标记出曲轴和凸轮轴的准确位置，有些发动机则是需要专用工具才能进行正时的调校。

三、安装凸轮轴注意事项

1.安装凸轮轴时，一定要注意凸轮轴带轮或链轮上的正时标记。有些发动机没有明显的正时标记，维修人员可以在拆卸凸轮轴之前标记出曲轴和凸轮轴的准确位置，有些发动机则是需要专用工具才能进行正时的调校。

2.安装凸轮轴时，需更换凸轮轴机油密封圈。

（1）在机油密封圈边缘部分涂上锂基润滑脂；

（2）凸轮轴和轴颈上涂上发动机机油；

（3）把发动机机油注入凸轮轴轴颈；

（4）从分电器壳体侧把凸轮轴装到缸盖上。

操作流程（如表3-4所示）

表3-4　　　　　　　　　　凸轮轴拆装标准化作业流程表

学生姓名：　　　　　　班级：　　　　　　作业时间：

序号	作业示图	作业内容	作业说明
作业前准备工作			
1		作业环境检查 ①检查工位是否存在安全隐患 ②检查工位是否配备灭火器	质量意识 安全意识
2		工具、设备检查 检查作业所需要的工具、量具设备是否完备	质量意识
作业流程及标准			
凸轮轴的拆卸			
1		检查发动机台架固定状况	安全意识

续表

序号	作业示图	作业内容	作业说明
2		检查凸轮轴总成固定状况	安全意识
3		准备好拆装工具	正确使用工量具
4		查看维修手册,找到拆卸凸轮轴的方法	质量意识
5		使用指针扳手预松凸轮轴轴承盖螺栓	正确使用工量具
6		使用棘轮扳手拧松凸轮轴轴承盖螺栓	正确使用工量具
7		取下凸轮轴轴承盖	正确使用工量具
8		将凸轮轴、轴承盖、螺栓整齐放在桌面上	正确使用工量具
凸轮轴的装配			
1		查看维修手册,找到凸轮轴安装方法	质量意识
2		放置凸轮轴,安装凸轮轴时,将轴承和轴颈涂上润滑油,把凸轮轴放在轴承孔上。第一缸凸轮必须朝上。凸轮轴转动时,曲轴不可使活塞置于上止点,否则会伤及气门及活塞顶部	质量意识
3		安装轴承盖,上下两半部要对准。按照拆卸相反的顺序拧紧轴承盖,先对角交替拧紧第2、3轴承盖。紧固力矩为20N·M,凸轮轴轴承盖安装时注意上下对准位置,然后装上第1.4轴承盖,装上凸轮轴并紧固,拧紧力矩为80N·M	质量意识、安全意识
4		清洁预置式扭力扳手	7S
作业后整理工作			
1		7S管理	标准意识、管理意识、环保意识
2		完善工单	①字迹清晰 ②语句通顺 ③无错别字 ④无涂改 ⑤无抄袭
3		交付验收	质量意识、沟通能力、服务意识

学习考评

作业工单如表3-5所示。

表3-5

工作任务：			考核时间：	分钟	
姓名：	班级：		学号：		学生签字：
学习：□合格 □不合格	练习：□合格 □不合格		考核：□合格 □不合格		
日期：	日期：		日期：		
凸轮轴的拆装及检测					
凸轮轴的拆装顺序：					
凸轮轴安装注意事项：					

学习反馈

学习质效反馈表如表3-6所示。

表3-6　　　　　　　　　　学习质效反馈表

工作任务				教师	
学生姓名		班级		日期	
学习质效反馈					
反馈项目	自评	互评	师评	努力方向、改进措施	
作业准备	□合格 □不合格	□合格 □不合格	□合格 □不合格		
操作过程	□合格 □不合格	□合格 □不合格	□合格 □不合格		
工单填写	□合格 □不合格	□合格 □不合格	□合格 □不合格		
职业素养	□合格 □不合格	□合格 □不合格	□合格 □不合格		
学生签字		组长签字		教师签字	

考核报告

实训考核报告如表3-7所示。

表3-7　　　　　　　　　　　　　　实训考核报告

实训时间：	实训课程：						
学生姓名：	工作任务：						
学生班级：	实训成绩	自评（学习）		互评（练习）		师评（考核）	
一、实训目的							
二、实训准备							
三、实训过程							
四、实训收获							
知识			技能			素养	
五、实训建议							

任务二　凸轮轴的检测

学习目标

通过本项目任务学习，能对凸轮轴进行检测作业，具体达成以下能力，如表3-8所示。

表3-8

序号	类型	目标
1	知识目标	①掌握检测凸轮轴的裂纹方法 ②掌握凸轮轴的磨损方法 ③掌握凸轮轴的弯曲变形的方法
2	技能目标	①能正确检测判断凸轮轴的裂纹 ②能正确检测判断凸轮轴的磨损 ③能正确检测判断凸轮轴的弯曲变形
3	素养目标	①具有爱岗敬业、诚实守信、吃苦耐劳的工作态度 ②具备团结协作、严谨分析的能力 ③具有安全、文明生产、规范操作、创新、环保的意识

学习时间（如表3-9所示）

表3-9

建议学时	
新授课	强化训练

学习安排（如表3-10所示）

表3-10

课堂环节	时段一（新授课）	时段二（强化训练）
能力分析	√	
规范流程	√	

续表

课堂环节	时段一（新授课）	时段二（强化训练）
轮换练习	√	√
学习考评	√	√
学习反馈	√	√

》 学习导入

李老师的桑塔纳轿车出现打火不灵，发动机很难启动的问题。经检，测凸轮轴传感器出现损坏。维修人员拆解凸轮轴后准备进行检测。

由传感器损坏引起的凸轮轴的故障，该如何对凸轮轴进行检测呢？

❖ 学习准备

一、实训场地（如表3-11所示）

表3-11

实训地点	工位序号	安全检查

二、工具设备（如表3-12所示）

表3-12

序号	名称	检查确认
1	凸轮轴	
2	千分尺	
3	平台	
4	磁力表座	
5	百分表	

学习内容

一、凸轮损伤的检测

凸轮的损伤形式有凸轮工作表面磨损、擦伤和点蚀（疲劳剥落）。

1. 凸轮的擦伤和疲劳剥落的检查

一般可用目视的方法，检查其表面是否有擦伤和剥落的现象。

2. 凸轮升程的检测

用外径千分尺测量凸轮全高，即凸轮顶点中心线到基圆最低点距离，如果小于标准值0.50mm，则为磨损。

3. 其他检测

凸轮进、排气门开、闭升程的极限偏差为：±0.05mm；各凸轮开闭角偏差不大于±2°；各凸轮升程最高点对轴线的角度偏差不大于±1°。

二、凸轮轴弯曲变形的检测

1.将凸轮轴安装于车床两顶针之间，或以V型铁块安放于平板上，以两端轴颈作为支点。

2.用百分表测杆触头与中间轴颈表面接触，并缓慢转动凸轮轴一圈，测得百分表最大摆差，即为凸轮轴弯曲度。

3.如果弯曲度超过0.05mm，则必须对凸轮轴进行弯曲的校正。

4.扭转一般极微小，可不计。

三、凸轮轴轴颈磨损的检测

1.用外径千分尺测量轴颈直径。

2.计算轴颈的圆度和圆柱度误差。

3.检测技术标准：凸轮轴各轴颈轴线应一致，所有轴颈的圆柱度误差不大于0.01mm；中间各支承轴颈的圆度误差不大于0.05mm，各凸轮基圆部分的圆度误差不大于0.08mm，安装正时齿轮轴颈的圆度误差不大于0.04mm。

四、凸轮轴其他损伤的检测

1. 凸轮轴上驱动分电器及机油泵的传动齿轮齿厚磨损不超过0.05mm。
2. 凸轮轴上偏心轮表面磨损不超过0.05mm。
3. 正时齿轮键与键槽磨损不超过0.012mm。
4. 凸轮轴装正时齿轮固定螺母的螺纹损坏不得多于2个牙。
5. 止推垫块的端面跳动量不大于0.03mm。

操作流程（如表3-13所示）

表3-13　　　　　　　　　　凸轮轴的检测标准化作业流程表

学生姓名：　　　　　　班级：　　　　　　作业时间：

序号	作业示图	作业内容	作业说明
		作业前准备工作	
1		作业环境检查 ①检查工位是否存在安全隐患 ②检查工位是否配备灭火器	质量意识、安全意识
2		工具、设备检查 检查作业所需要的工具、量具设备是否完备	质量意识
		作业流程及标准	
1		目视检查凸轮轴表面是否有擦伤和剥落的现象，并记录	
2		凸轮升程的检测：用外径千分尺测量凸轮全高，即凸轮顶点中心线到基圆最低点距离，如果小于标准值0.50mm，则为磨损	正确使用工量具
3		凸轮轴弯曲变形的检测：将凸轮轴安装于在V型铁块上，以两端轴颈作为支点；清洁并组装百分表；将百分表预压1mm，并用磁性表座固定在工作台上；用百分表杆触头与中间轴颈表面接触，并缓慢转动凸轮轴一圈，测得百分表最大摆差，即为凸轮轴弯曲度。如果弯曲度超过0.05mm，则必须对凸轮轴进行弯曲的校正	正确使用工量具

续表

序号	作业示图	作业内容	作业说明
4		凸轮轴轴颈磨损的检测：清洁凸轮轴轴颈；清洁并校零千分尺；用外径千分尺测量轴颈直径（每个轴颈选取两个测量平面，每个平面测量两个相互垂直的直径）；计算轴颈的圆度和圆柱度误差，所有轴颈的圆柱度误差不大于0.01mm；中间各支承轴颈的圆度误差不大0.05mm，各凸轮基圆部分的圆度误差不大于0.08mm，安装正时齿轮轴颈的圆度误差不大于0.04mm	正确使用工量具
作业后整理工作			
1		7S管理	标准意识、管理意识、环保意识
2		完善工单	①字迹清晰 ②语句通顺 ③无错别字 ④无涂改 ⑤无抄袭
3		交付验收	质量意识、沟通能力、服务意识

学习考评

作业工单如表3-14所示。

表3-14

工作任务：					考核时间：	分钟	
姓名：			班级：		学号：		学生签字：
学习：□合格 □不合格			练习：□合格 □不合格		考核：□合格 □不合格		
日期：			日期：		日期：		
检查项目				检测记录			
凸轮轴表面检查							
凸轮升程检测							
凸轮轴弯曲检测							
凸轮轴轴颈磨损检测				测量轴颈			圆度	
^				平面一				
^				平面二				

续表

圆柱度	
是否合格	
维修意见	

学习反馈

学习质效反馈表如表3-15所示。

表3-15　　　　　　　　　　学习质效反馈表

工作任务				教师	
学生姓名		班级		日期	
学习质效反馈					
反馈项目	自评		互评	师评	努力方向、改进措施
作业准备	□合格 □不合格		□合格 □不合格	□合格 □不合格	
操作过程	□合格 □不合格		□合格 □不合格	□合格 □不合格	
工单填写	□合格 □不合格		□合格 □不合格	□合格 □不合格	
职业素养	□合格 □不合格		□合格 □不合格	□合格 □不合格	
学生签字		组长签字		教师签字	

考核报告

实训考核报告如表3-16所示。

表3-16　　　　　　　　　　实训考核报告

实训时间：		实训课程：			
学生姓名：		工作任务：			
学生班级：	实训成绩	自评（学习）		互评（练习）	师评（考核）

续表

一、实训目的		
二、实训准备		
三、实训过程		
四、实训收获		
知识	技能	素养
五、实训建议		

项目四

活塞连杆组的拆装及检测

任务一 活塞连杆组的拆装

学习目标

通过本项目任务学习,培养学生拆装活塞连杆组的能力以及安全作业能力,具体表现如表4-1所示。

表4-1

序号	类型	目标
1	知识目标	①叙述活塞连杆组的拆装流程 ②描述活塞连杆组的组成及作用 ③叙述活塞连杆组的装配关系
2	技能目标	①能按照拆装流程正确地拆装活塞连杆组 ②能正确使用各类工具
3	素养目标	①具有爱岗敬业、诚实守信、吃苦耐劳的工作态度 ②具备团结协作、严谨分析的能力 ③具有安全、文明生产、规范操作、创新、环保的意识

任务导入

罗老师的长城汽车出现了空气滤清器潮湿和附有泥土,空气滤清器壳体上、进气管壁上有水迹的问题。经现场维修人员检测可能是发动机连杆断裂,准备对活塞连杆进行拆除检测。

学习资源

一、实训场地(如表4-2所示)

表4-2

实训地点	工位序号	安全检查

二、工具设备（如表4-3所示）

表4-3

序号	名称	检查确认	序号	名称	检查确认
1	世达工具车		6	预置式扭力扳手	
2	发动机台架		7	橡胶锤	
3	19号梅花扳手		8	活塞卡箍	
4	抹布		9	活塞环扩张器	
5	润滑油				

知识回顾

活塞连杆组将活塞的往复运动变为曲轴的旋转运动，同时将作用于活塞上的力转变为曲轴对外输出转矩，以驱动汽车车轮转动。它是发动机的传动件，它把燃烧气体的压力传给曲轴，使曲轴旋转并输出动力。活塞连杆组承受燃烧气体压力，以推动曲轴旋转，主要由活塞、活塞环、活塞销、连杆及连杆轴瓦等组成。

1. 活塞

活塞的主要功用是承受燃烧气体压力，并将此力通过活塞销传给连杆以推动曲轴旋转。此外，活塞顶部与气缸盖、气缸壁共同组成燃烧室。

发动机工作时，燃气温度高达2000℃以上，活塞顶部直接接触燃气，高温使材料力学性能降低，甚至产生高温蠕变。进气时，活塞又受到冷的新气冲刷，造成温度不均，引起大的热应力和活塞变形。活塞工作温度高且做往复变速运动，润滑又困难，所以极易磨损。

根据活塞的工作条件，对活塞的要求如下：要有足够的刚度、强度和耐热性，以承受燃气的高温高压；加工精度要求高，保证密封又不增加磨损；尽量降低质量，以减小惯性载荷；润滑性和耐磨性良好，以提高寿命。

2. 连杆

连杆是活塞与曲轴连接的部件，其功用是将活塞承受的力传给曲轴，并将活塞的往复运动变为曲轴的旋转运动。

3. 连杆的工作条件及材料

连杆小头与活塞销相连接，与活塞一起做往复运动，连杆大头与曲轴连接做旋转运动。因此连杆做上下和旋转的复合摆动。连杆主要承受的是压缩、拉伸和弯曲等交变载荷，因此要求连杆具有足够的强度和刚度。强度不足会导致杆身、大头盖及连杆螺栓的断裂，造成严重事故。若刚度不足则会造成大头失圆而破坏润滑，连杆螺栓承受附加载荷。杆身弯曲会造成活塞和气缸偏磨、活塞环漏气和窜油等。为了增加强度和刚度，应采用合理的结构设计，同时应选用强度高而轻的材料，以及合理的工艺。连杆材料一般选用优质中碳45结构钢模锻。强化柴油机则采用40Cr等合金钢以及40MnB、40MnVB等硼钢作材料。

操作流程（如表4-4所示）

表4-4　　　　　　　　活塞连杆组的拆装标准化作业流程表

学生姓名：　　　　　　班级：　　　　　　作业时间：

序号	作业示图	作业内容	作业说明
		作业前准备工作	
1		作业环境检查 ①检查工位是否存在安全隐患 ②检查工位是否配备灭火器	质量意识 安全意识
2		工具、设备检查 检查作业所需要的工具、量具设备是否完备	质量意识
		作业流程及标准	
		活塞连杆组的拆卸	
1		清洁铲刀气缸体上平面	
2		将指定活塞连杆旋转到上止点位置，检查连杆是否有明显弯曲现象，检查活塞连杆组的序号是否与气缸体上的序号一致	
3		将指定活塞连杆旋转到下止点位置，用抹布清洁气缸	
4		翻转台架，使油底壳位置向上	
5		检查或设置装配标记	
6		用指针式扭力扳手预松连杆螺栓	
7		使用工具拧松连杆螺栓	
8		用橡胶锤轻敲连杆螺栓，取出连杆盖（注意连杆轴承不要掉落），同时取下盖上的连杆轴承	
9		套上连杆螺栓保护套	
10		用橡胶锤把手在合适的位置推出连杆活塞组（用左手在缸体上平面处扶持住）	

续表

序号	作业示图	作业内容	作业说明
11		取下连杆螺栓上的护套,取下连杆和连杆轴承盖上的连杆轴承,并按顺序摆放	
12		使用活塞环扩张器拆下气环	
13		用手拆下油环	
14		用铲刀清理活塞顶面积炭	
15		用抹布清洁:活塞连杆、活塞环、连杆轴承(两片,并注意原来的安装位置摆放)连杆轴承盖、连杆螺母、气缸筒和连杆轴颈	
16		用压缩空气吹净上述清洁零件	
17		目视检测:气缸体无垂直划痕;活塞有无损伤;连杆轴颈和连杆轴承无麻点、划痕和损伤;活塞销状况	
活塞连杆组的装配			
1		在气缸壁、连杆轴瓦、连杆螺栓螺纹部分表面涂抹机油	
2		安装油环	
3		用活塞环扩张器依次装好气环。注意,"TOP"朝向活塞顶部	
4		根据维修手册调整活塞环的位置,使开口位置错开 三环开口错开120°,第一环开口位置与活塞销中心错开45°	
5		用扳手将第一缸曲柄销转到下止点位置	
6		用活塞环卡箍收紧各环	
7		按活塞顶部装配标记将活塞连杆从气缸顶部装入缸筒	
8		用橡胶锤敲打活塞环卡箍边缘,使接触面没有缝隙	
9		用手引导连杆使其对准曲柄销,用橡胶锤把手将活塞推入气缸	
10		安装轴承盖及连杆螺栓	
11		使用工具预紧连杆螺栓	
12		查询维修手册,找到连杆螺栓的规定力矩	
13		将预置式扭力扳手调至规定力矩	
14		使用预置式扭力扳手按规定力矩交替拧紧连杆螺栓	
15		按上述步骤装第四缸的活塞连杆组	
16		用扳手将第二缸曲柄销转到下止点位置	
17		按上述步骤装第二、三缸的活塞连杆组	
18		检查并确认曲轴转动顺畅	

续表

序号	作业示图	作业内容	作业说明
作业后整理工作			
1		7S管理	标准意识、管理意识、环保意识
2		完善工单	①字迹清晰 ②语句通顺 ③无错别字 ④无涂改 ⑤无抄袭
3		交付验收	质量意识、沟通能力、服务意识

❖ 学习考评

作业工单如表4-5所示。

表4-5

工作任务：			考核时间： 分钟	
姓名：	班级：		学号：	学生签字：
学习：□合格 □不合格	练习：□合格 □不合格		考核：□合格 □不合格	
日期：	日期：		日期：	
活塞连杆组的拆装				
活塞连杆组的拆装原则：				
活塞连杆组的检测原则：				

学习反馈

学习质效反馈表如表4-6所示。

表4-6 　　　　　　　　　　　学习质效反馈表

工作任务				教师	
学生姓名		班级		日期	
学习质效反馈					
反馈项目	自评		互评	师评	努力方向、改进措施
作业准备	□合格 □不合格		□合格 □不合格	□合格 □不合格	
操作过程	□合格 □不合格		□合格 □不合格	□合格 □不合格	
工单填写	□合格 □不合格		□合格 □不合格	□合格 □不合格	
职业素养	□合格 □不合格		□合格 □不合格	□合格 □不合格	
学生签字		组长签字		教师签字	

考核报告

实训考核报告如表4-7所示。

表4-7 　　　　　　　　　　　实训考核报告

实训时间：		实训课程：			
学生姓名：		工作任务：			
学生班级：	实训成绩	自评 （学习）		互评 （练习）	师评 （考核）
一、实训目的					

续表

二、实训准备		
三、实训过程		
四、实训收获		
知识	技能	素养
五、实训建议		

任务二 活塞连杆组的检测

学习目标

通过本项目任务学习，能对活塞连杆组进行检测作业，具体达成以下能力，如表4-8所示。

表4-8

序号	类型	目标
1	知识目标	①了解活塞的作用是什么 ②了解连杆的作用是什么 ③掌握活塞连杆的组成
2	技能目标	①掌握活塞的检测步骤 ②掌握连杆的检测步骤 ③掌握活塞环的检测步骤
3	素养目标	①具有爱岗敬业、诚实守信、吃苦耐劳的工作态度 ②具备团结协作、严谨分析的能力 ③具有安全、文明生产、规范操作、创新、环保的意识

学习时间（如表4-9所示）

表4-9

建议学时	
新授课	强化训练

学习安排（如表4-10所示）

表4-10

课堂环节	时段一（新授课）	时段二（强化训练）
能力分析	√	
规范流程	√	

续表

课堂环节	时段一（新授课）	时段二（强化训练）
轮换练习	√	√
学习考评	√	√
学习反馈	√	√

》学习导入

罗老师的长城汽车出现了空气滤清器潮湿和附有泥土，空气滤清器壳体上、进气管壁上有水迹的问题。经检测，出现了活塞顶部很光亮且连杆是弯曲的、断裂的，其所对应气缸的上止点明显比其他缸低。

活塞连杆变形会引发该现象吗？

如果是活塞连杆变形引发的症状，如何检测出其原因呢？

❋ 学习准备

一、实训场地（如表4-11所示）

表4-11

实训地点	工位序号	安全检查

二、工具设备（如表4-12所示）

表4-12

序号	名称	检查确认
1	钢板尺	
2	游标卡尺	
3	塞尺	
4	千分尺	
5		
6		
7		

学习内容

一、活塞的作用

活塞的主要作用是承受气缸的气体压力，并将此力通过活塞销传给连杆，以推动曲轴旋转，它把燃烧气体的压力传给曲轴，使曲轴旋转并输出动力；活塞的顶部还与气缸盖、气缸壁共同组成燃烧室。

活塞的组成：

活塞主要由顶部、头部和裙部组成。活塞顶部的形状与选用燃烧室有关。汽油机活塞的头部一般采用平顶，其优点是吸热面积小，制造工艺简单。有些为了改变混合汽形成而采用凹顶，凹坑的大小还可以调节发动机压缩比。

活塞头部是活塞环槽以上部分。其作用有三：承受气体压力，并传给连杆；与活塞一起实现气缸密封；将活塞顶所吸收的热量通过活塞环传给气缸壁。头部切有若干道环槽用以安装活塞环，汽油机一般有2~3道环槽，上面1~2道用于气环，下面一道用于安装油环。油环槽底面上钻有许多径向小孔，使被油环所刮下来的多余的机油，经过小孔流回油底壳。

活塞裙部是指自油环槽下端面起至活塞底面的部分。其作用是为活塞在气缸内做往复运动导向和承受侧压力。活塞工作时，燃烧气体压力作用在活塞的顶部，而活塞销反力作用在头部的销座孔处，由此产生的变形是裙部直径沿活塞销座轴线方向增大（受力变形）。侧压力N使活塞裙部变形；活塞销座孔附近的金属堆，受热膨胀量大，致使裙部在受热变形时，活塞销座孔方向的膨胀量大，裙部是椭圆。为了保证在冷态的情况下活塞于气缸壁的接触，在活塞裙部有开槽。由于活塞沿轴线受热和质量分布不均匀，所以活塞作成一个上小下大的近似圆锥形。

活塞销座孔也是活塞的组成部分之一，它将活塞顶部气体作用力经活塞销传给连杆。销座孔通常有肋片与活塞内壁相连，以提高其刚度。销座孔内有安装弹性卡环的卡环槽，卡环用来防止活塞销在工作中发生轴向串动。

二、连杆的作用

连杆的功用是连接活塞和曲轴，把活塞的往复运动转变为曲轴的旋转运动，并将活塞承受的力传给曲轴。

连杆的组成：

连杆一般由小头、杆身和大头三部分组成。连杆一般由中碳钢或合金钢弹压而成。连杆小端与活塞销相连，工作时与销之间有相对运动，小头孔中有衬套（青铜）。在连杆的小端和衬套上钻有小孔（油道），用来润滑小端和活塞销。

连杆杆身通常作成工字型断面，以求增加其强度和刚度。在其中间有油润滑油道。

连杆大头与曲轴的曲柄销相连，大头一般作剖分式的，被分开的部分称为连杆盖，接特制的连杆螺栓紧固在连杆的大头上。连杆盖与连杆大头是组合搪孔，为了防止装配错误，在同一侧有配对记号。大头孔表面有很高的光洁度，以便与连杆轴瓦紧密贴合。连杆大头还铣有定位坑，连杆的大端还有油孔。

连杆大头按剖分面可分为平切口和斜切口两种。一般汽油机连杆大头的直径小于气缸的直径，采用平切口；柴油机受力大，其大头直径较大，超过气缸的直径，采用斜切口，一般与连杆轴线成30°~60°夹角。

连杆螺栓是经常受交变应力作用的重要零件，安装时，必须牢固可靠，要符合工厂规定的拧紧力矩，分2~3次拧紧。

操作流程（如表4-13所示）

表4-13　　　　　　　　　活塞连杆组的检测标准化作业流程表

学生姓名：　　　　　　班级：　　　　　　作业时间：

序号	作业示图	作业内容	作业说明
作业前准备工作			
1		作业环境检查 ①检查工位是否存在安全隐患 ②检查工位是否配备灭火器	质量意识、安全意识
2		工具、设备检查 检查作业所需要的工具、量具设备是否完备	质量意识
作业流程及标准			
1		清洁并目视检查活塞环	
2		清洁并目视检查活塞	
3		清洁塞尺	

续表

序号	作业示图	作业内容	作业说明
4		将活塞环放在环槽内，围绕环槽转动一周，检查是否能自由转动，然后用塞尺测量其侧隙	
5		将活塞环平整地放入气缸内	
6		用活塞头将活塞环推平推入气缸约10cm处	
7		用塞尺插入活塞环开口处测量端隙	
8		清洁并校零游标卡尺	
9		用游标卡尺分别测量活塞环槽的深度和活塞环的宽度，计算两者的差值，得出活塞环背隙	
10		查询维修手册，找到活塞头部测量方法	
11		清洁并校零千分尺	
12		将游标卡尺调到规定长度	7S意识
13		用游标卡尺和记号笔在活塞的测量位置做好标记	7S意识 正确选用量具
14		用千分尺测量活塞头部	正确选用量具
15		查询维修手册，得出维修结论	正确使用量具
16		整理工位	正确使用量具 数据分析能力 正确查询资料的能力
作业后整理工作			
1		7S管理	标准意识、管理意识、环保意识
2		完善工单	①字迹清晰 ②语句通顺 ③无错别字 ④无涂改 ⑤无抄袭
3		交付验收	质量意识、沟通能力、服务意识

学习考评

作业工单如表4-14所示。

表4-14

工作任务:				考核时间:	分钟	
姓名:		班级:		学号:		学生签字:
学习:□合格 □不合格		练习:□合格 □不合格		考核:□合格 □不合格		
日期:		日期:		日期:		
活塞环三隙的检测		端隙	侧隙		背隙	是否合格
活塞环一						
活塞环二						
维修意见						

学习反馈

学习质效反馈表如表4-15所示。

表4-15　　　　　　　　　　学习质效反馈表

工作任务				教师	
学生姓名		班级		日期	
学习质效反馈					
反馈项目	自评	互评	师评	努力方向、改进措施	
作业准备	□合格 □不合格	□合格 □不合格	□合格 □不合格		
操作过程	□合格 □不合格	□合格 □不合格	□合格 □不合格		
工单填写	□合格 □不合格	□合格 □不合格	□合格 □不合格		
职业素养	□合格 □不合格	□合格 □不合格	□合格 □不合格		
学生签字		组长签字		教师签字	

考核报告

实训考核报告如表4-16所示。

表4-16　　　　　　　　　　　　　　　实训考核报告

实训时间：		实训课程：						
学生姓名：		工作任务：						
学生班级：		实训成绩	自评（学习）		互评（练习）		师评（考核）	
一、实训目的								
二、实训准备								
三、实训过程								
四、实训收获								
知识			技能			素养		
五、实训建议								

项目五

曲轴的拆装及检测

任务一　曲轴的拆装

学习目标

通过本项目任务学习，培养学生拆装及检测曲轴的能力以及安全作业能力，具体表现如表5-1所示。

表5-1

序号	类型	目标
1	知识目标	①叙述曲轴的拆装流程 ②描述曲轴的功用 ③叙述曲轴的类型
2	技能目标	①能正确使用相应的工量具检测曲轴 ②能正确拆装曲轴
3	素养目标	①具有爱岗敬业、诚实守信、吃苦耐劳的工作态度 ②具备团结协作、严谨分析的能力 ③具有安全、文明生产、规范操作、创新、环保的意识

任务导入

王老师的红旗汽车发现仪表盘上的发动机故障灯亮起，车表现出没有高压电、不喷油、打不着火的症状。维修人员初步排查，认为可能是曲轴出现问题，准备对该车的曲轴进行拆解检测。

学习资源

一、实训场地（如表5-2所示）

表5-2

实训地点	工位序号	安全检查

二、工具设备（如表5-3所示）

表5-3

序号	名称	检查确认	序号	名称	检查确认
1	世达工具车				
2	预置式扭力扳手				
3	垫块				
4	机油壶				
5	清洁布				

知识回顾

一、曲轴的功用及类型

1. 曲轴的功用和类型

曲轴的功用是把活塞的往复运动变为旋转运动，对外输出功率并用来驱动发动机各辅助系统工作。曲轴在工作中受到周期性变化的气体压力、往复运动质量惯性力、旋转运动质量惯性力及力矩的作用。这些周期性的交变载荷会引起曲轴的振动和疲劳破坏，同时在曲轴轴颈与轴承之间造成严重磨损，因此要求曲轴具有足够的强度和刚度。特别是曲柄部分的强度，若刚度不足，曲轴的挠曲变形大，会使活塞、连杆、轴承等工作条件恶化。同时要求轴颈表面有良好的润滑条件和耐磨性，重量要轻。

曲轴一般用优质中碳钢或合金钢锻造而成，轴颈表面经精加工和热处理。为了节约钢材、降低成本，近年来也用高强度的球墨铸铁来铸造曲轴。

2. 曲轴的构造

曲轴形状比较复杂，轿车常用的直列发动机的曲轴有四缸发动机的曲轴、六缸发动机的曲轴。直列发动机曲轴由主轴颈、连杆轴径（又称曲柄销）、曲柄、平衡重、曲轴前端和曲轴后端等6部分组成，并通过主轴颈支承上旋转。V6发动机的曲轴，相对两缸的连杆轴径采用单独布置的形式。

（1）主轴颈。按照曲轴的主轴颈数，可以把曲轴分为全支承曲轴和非全支承曲轴两种。在相邻的两个曲拐之间，都设置一个主轴颈的曲轴，称为全文承曲轴，否则称为非全支承曲轴。因此直列式发动机的全支承曲轴，其主轴颈总数（包括曲轴前端和后端的主轴颈）比气缸数多一个；V形发动机的全支承曲轴，其主轴颈总数比气缸数的一半多一个。

全支承曲轴的优点是可以提高曲轴的刚度和弯曲强度，并且可减轻主轴承的载荷。其缺点是曲轴的加工表面增多，主轴承数增多，使机体加长。这两种形式的曲轴均可用于汽油机，但柴油机因载荷较大多采用全支承曲轴。

（2）连杆轴颈。它与连杆大头相连，并在连杆轴承中转动。连杆轴颈与气缸数相等。为了使曲轴易于平衡，连杆轴颈对称布置。例如四缸发动机曲轴的一、四缸连杆轴颈在同一侧，二、三缸连杆轴颈在另一侧，两者相差180°。

（3）曲柄。曲柄是主轴颈与曲柄销的连接部分，也是曲轴受力最复杂、结构最薄弱的环节。曲柄形状多数呈矩形或椭圆形，它与主轴颈和曲柄销的连接处形状突然变化，存在着严重的应力集中现象，曲轴裂缝或断裂大多数出现在这个部位。为了减小这种应力集中现象，此处都采用过渡圆角连接。但过渡圆角半径过大会使轴承的承压面积减小。

（4）平衡重。平衡重用来平衡发动机不平衡的离心力和离心力矩，有时还用来平衡一部分往复惯性力。对于四缸、六缸等多缸发动机，由于曲柄对称布置，往复惯性力和离心力及其产生的力矩从整体上看都能相互平衡，但曲轴的局部却受到弯曲作用。曲轴若刚度不够就会产生变形，引起主轴颈和轴承偏磨。为了减轻主轴承负荷，改善其工作条件，一般都在曲柄的相反方向设置平衡重。有的发动机平衡重与曲柄是一体的，有的则单独制造并用螺钉安装在曲轴上。一般四缸发动机设置四块平衡重；六缸发动机可以设置四块、六块、八块平衡重，甚至在所有曲柄下均设有平衡重。加平衡重会导致曲轴质量和材料消耗增加，锻造工艺复杂。因此，曲轴是否加平衡重，要视具体情况而定。

（5）前端轴与后端轴。前端轴是第一道主轴颈之前的部分，通常有键槽和螺栓孔，用来安装正时齿轮、带轮、扭转减振器等。后端轴是最后一道主轴颈之后的部分，一般在其后端有凸缘盘，飞轮用螺栓紧固于曲轴后端面上。其中有的汽油喷射发动机产生点火和喷油脉冲的信号发生器齿轮装在飞轮的前端或后端。

曲轴的前后端都伸出曲轴箱，为了防止润滑油沿轴颈流出油底壳，在曲轴前后都设有防漏装置。常用的防漏装置有挡油盘、填料油封、自紧油封、回油螺栓等。

操作流程（如表5-4所示）

表5-4　　　　　　　　　　曲轴的拆装标准化作业流程表

学生姓名：　　　　　　　班级：　　　　　　　作业时间：

序号	作业示图	作业内容	作业说明
		作业前准备工作	
1		作业环境检查 ①检查工位是否存在安全隐患 ②检查工位是否配备灭火器	质量意识 安全意识
2		工具、设备检查 检查作业所需要的工具、量具设备是否完备	质量意识
		作业流程及标准	
		曲轴的拆卸	
1		使用指针式扭力扳手按照两边往中间对角线对称预松主轴承盖螺栓	
2		使用棘轮扳手或弓形摇杆按照两边往中间对角线对称拧松主轴承盖螺栓	
3		利用主轴承盖螺栓取下所有轴承盖	
4		取出曲轴	
5		取下所有下轴瓦	
6		取下止推片	
7		将所有零件整齐地放在桌子上	
8		整理工位	
		曲轴的装配	
1		清洁并目视检查主轴承盖、上下轴瓦、轴承盖螺栓、止推片	
2		清洁并检查曲轴表面及曲轴油道	
3		清洁并检查气缸体及缸体油道	
4		安装下轴瓦	
5		给下轴瓦涂抹润滑油	
6		安装止推片	
7		放置好曲轴	
8		安装上轴瓦并涂抹润滑油	
9		安装轴承盖，并按照从中间到两边的顺序对角预紧轴承盖螺栓	
10		查看维修手册，找出紧固主轴承盖的规定力矩	

续表

序号	作业示图	作业内容	作业说明
11		将预置式扭力扳手调节至规定力矩	
12		按照从中间到两边的顺序对角拧紧轴承盖螺栓	
作业后整理工作			
1		7S管理	标准意识、管理意识、环保意识
2		完善工单	①字迹清晰 ②语句通顺 ③无错别字 ④无涂改 ⑤无抄袭
3		交付验收	质量意识、沟通能力、服务意识

学习考评

作业工单如表5-5所示。

表5-5

工作任务：			考核时间： 分钟	
姓名：	班级：	学号：		学生签字：
学习：□合格 □不合格	练习：□合格 □不合格	考核：□合格 □不合格		
日期：	日期：	日期：		
曲轴的拆装				
曲轴拆装顺序：				
曲轴的拆装原则：				

学习反馈

学习质效反馈表如表5-16所示。

表5-6　　　　　　　　　　　　学习质效反馈表

工作任务				教师	
学生姓名		班级		日期	
学习质效反馈					
反馈项目	自评	互评		师评	努力方向、改进措施
作业准备	□合格 □不合格	□合格 □不合格		□合格 □不合格	
操作过程	□合格 □不合格	□合格 □不合格		□合格 □不合格	
工单填写	□合格 □不合格	□合格 □不合格		□合格 □不合格	
职业素养	□合格 □不合格	□合格 □不合格		□合格 □不合格	
学生签字		组长签字		教师签字	

考核报告

实训考核报告如表5-7所示。

表5-7　　　　　　　　　　　　实训考核报告

实训时间：		实训课程：					
学生姓名：		工作任务：					
学生班级：		实训成绩	自评（学习）		互评（练习）		师评（考核）
一、实训目的								

续表

二、实训准备		
三、实训过程		
四、实训收获		
知识	技能	素养
五、实训建议		

任务二 曲轴的检测

📖 学习目标

通过本项目任务学习,能对曲轴的平面度检测作业,具体达成以下能力,如表5-8所示。

表5-8

序号	类型	目标
1	知识目标	①了解曲轴的主要损坏形式 ②熟悉曲轴变形的原因 ③掌握曲轴轴颈圆度以及圆柱度的检测流程
2	技能目标	掌握曲轴轴颈圆度以及圆柱度的检测方法
3	素养目标	①具有爱岗敬业、诚实守信、吃苦耐劳的工作态度 ②具备团结协作、严谨分析的能力 ③具有安全、文明生产、规范操作、创新、环保的意识

❖ 学习时间(如表5-9所示)

表5-9

建议学时	
新授课	强化训练

❖ 学习安排(如表5-10所示)

表5-10

课堂环节	时段一(新授课)	时段二(强化训练)
能力分析	√	
规范流程	√	

续表

课堂环节	时段一（新授课）	时段二（强化训练）
轮换练习	√	√
学习考评	√	√
学习反馈	√	√

学习导入

王老师的红旗汽车发现仪表盘上的发动机故障灯亮起，车表现出没有高压电、不喷油、打不着火的症状。经检测，曲轴轴颈与轴承之间产生严重磨损。维修人员拆解曲轴后准备进行检测。

曲轴轴颈磨损会引起该故障吗？

如果故障真的是由曲轴轴颈磨损引起的，曲轴的轴颈磨损应该如何来检测呢？

学习准备

一、实训场地（如表5-11所示）

表5-11

实训地点	工位序号	安全检查

二、工具设备（如表5-12所示）

表5-12

序号	名称	检查确认
1	外径千分尺	
2	平台	
3	V型铁	
4	曲轴	
5	棉纱	
6		
7		

学习内容

曲轴常见损伤有：曲轴裂纹、曲轴变形及曲轴轴颈的磨损等。下面重点来介绍曲轴磨损的检修：

曲轴主轴颈与连杆轴颈的磨损是不均匀的，且磨损部位有一定的规律性。主轴颈和连杆轴颈径向最大磨损部位互相对应，即主轴颈的最大磨损部位在靠近连杆轴径一侧，连杆轴径的径向不均匀磨损，是由于作用在轴径上的力，沿圆周方向分布不均匀所引起的。连杆轴颈的内侧磨损最大。主轴颈径向的不均匀磨损，主要是受连杆、连杆轴颈和曲柄臂离心力的影响，使靠近连杆轴一侧的轴颈与轴承间发生的相对磨损较大。由于连杆轴领的负荷较大，润滑条件又差，所以连杆轴颈的磨损比主轴颈的磨损大。

检验曲轴轴颈的磨损，应先检视轴颈有无磨痕和损伤，再测量主轴颈和连杆轴颈的圆度误差和圆柱度误差。曲轴主轴颈和连杆轴颈的圆度、圆柱度误差超过0.025mm时，应按规定的修理尺寸进行修磨。曲轴轴颈的磨削应在弯、扭校正后进行。磨削加工设备通常采用曲轴磨床。

曲轴轴颈修理尺寸的确定，是根据各轴颈中磨损量最大的轴颈来选择的。曲轴主轴颈和连杆轴颈一般应分别磨削成同一级的修理尺寸，以便各自选配统一的轴承。曲轴主轴颈和连杆轴颈的修理尺寸，汽油机一般有6~8级，柴油机一般有10~12级。每缩小一级，直径差是0.25mm。在保证磨削质量的前提下，应尽可能选择最接近的修理尺寸级别，以延长曲轴的使用寿命。为保持曲轴具有一定的强度，主轴颈、连杆轴颈的最大缩小量不应超过规定值，超过时，应采取堆焊、镀铬喷镀等方法修复，再修磨至规定尺寸。

在曲轴磨削时，定位基准选择的正确与否，将直接影响到曲轴的加工质量。选择定位基准时，首先应根据基准一致的原则，即选择与曲轴加工制造时的定位基准相统一；其次，应选择曲轴后端中心轴承座孔为定位基准。在磨削连杆轴颈时，可选择曲轴前端正时齿轮轴颈和曲轴后端飞轮凸缘的外圆柱面为定位基准。

磨削曲轴时，应先磨削主轴颈，再磨削连杆轴颈。

操作流程(如表5-13所示)

表5-13 　　　　　　　　　　曲轴平面度检测标准化作业流程表

学生姓名： 　　　　　　班级： 　　　　　　作业时间：

序号	作业示图	作业内容	作业说明
作业前准备工作			
1		作业环境检查 ①检查工位是否存在安全隐患 ②检查工位是否配备灭火器	质量意识、安全意识
2		工具、设备检查 检查作业所需要的工具、量具设备是否完备	质量意识
作业流程及标准			
1		清洁并检查曲轴	7S意识
2		清洁并校零千分尺	7S意识 正确选用量具
3		使用千分尺测量出主轴颈的两个横截面积的横向直径和纵向直径(避开油道)	正确选用量具
4		使用千分尺测量出连杆轴颈轴颈的两个横截面积的横向直径和纵向直径(避开油道)	正确使用量具
5		填写工单,数据处理	正确使用量具
6		查询维修手册,得出维修结论	7S意识
7		整理工位	数据分析能力 正确查询资料的能力
作业后整理工作			
1		7S管理	标准意识、管理意识、环保意识
2		完善工单	①字迹清晰 ②语句通顺 ③无错别字 ④无涂改 ⑤无抄袭
3		交付验收	质量意识、沟通能力、服务意识

学习考评

作业工单如表5-14所示。

表5-14

工作任务：				考核时间：分钟	
姓名：		班级：		学号：	学生签字：
学习：□合格 □不合格		练习：□合格 □不合格		考核：□合格 □不合格	
日期：		日期：		日期：	
测量轴颈		平面一		平面二	
连杆轴颈					
主轴颈					
圆度					
圆柱度					
维修意见					

学习反馈

学习质效反馈表如表5-15所示。

表5-15　　　　　　　　学习质效反馈表

工作任务				教师	
学生姓名		班级		日期	
学习质效反馈					
反馈项目	自评	互评	师评	努力方向、改进措施	
作业准备	□合格 □不合格	□合格 □不合格	□合格 □不合格		
操作过程	□合格 □不合格	□合格 □不合格	□合格 □不合格		
工单填写	□合格 □不合格	□合格 □不合格	□合格 □不合格		
职业素养	□合格 □不合格	□合格 □不合格	□合格 □不合格		
学生签字		组长签字		教师签字	

考核报告

实训考核报告如表5-16所示。

表5-16　　　　　　　　　　　　　实训考核报告

实训时间:		实训课程:					
学生姓名:		工作任务:					
学生班级:		实训成绩	自评（学习）		互评（练习）		师评（考核）
一、实训目的							
二、实训准备							
三、实训过程							
四、实训收获							
知识		技能			素养		
五、实训建议							

项目六
气缸体的检测

任务一 气缸体变形的检测

学习目标

通过本项目任务学习,培养学生检测气缸体变形的能力以及安全作业能力,具体表现如表6-1所示。

表6-1

序号	类型	目标
1	知识目标	①叙述气缸的主要耗损形式 ②描述气缸体的类型 ③叙述气缸体的布置形式
2	技能目标	①能按照正确流程对气缸体的平面度进行检测 ②能正确使用刀口尺以及塞尺
3	素养目标	①具有爱岗敬业、诚实守信、吃苦耐劳的工作态度 ②具备团结协作、严谨分析的能力 ③具有安全、文明生产、规范操作、创新、环保的意识

任务导入

王老师的桑塔纳2000GSI轿车行驶一段时间以后,感到冷启动时有明显的嗒嗒的敲击声,温度升高,响声减弱或消失。通过4S店维修人员的检测,估计这种情况是由气缸体变形而造成的。

那么,气缸体变形该如何检测呢?

学习资源

一、实训场地(如表6-2所示)

表6-2

实训地点	工位序号	安全检查

二、工具设备（如表6-3所示）

表6-3

序号	名称	检查确认	序号	名称	检查确认
1	螺旋千分尺		8	塞尺	
2	内径量表		9	铲刀	
3	气缸体		10	毛刷	
4	棉纱或抹布		11		
5	直尺		12		
6	厚薄规		13		
7	刀刃尺		14		

知识回顾

气缸体是气缸的壳体，曲轴箱是支撑曲轴做旋转运动的壳体，两者组成了发动机的机体。水冷式发动机的气缸体和曲轴箱常铸成一体，称为气缸体—曲轴箱，简称气缸体。

1. 气缸体类型

气缸体作为发动机各个机构和系统的装配基体，承受较大的机械载荷和热载荷。因此应具有足够的刚度、强度和良好的耐热性，其具体结构形式分为三种。

（1）一般式气缸体。缸体下平面通过曲轴中心线，这种缸体刚度和强度虽不如其他两种，但缸体高度低，重量轻，结构紧凑，便于加工，曲轴拆装方便。小轿车和轻型载货汽车用汽油机，由于负荷率低，常采用这种结构形式。

（2）龙门式气缸体。缸体下平面低于曲轴中心线，这种结构形式的缸体工艺性较差，结构笨重，加工较困难，但刚度和强度好，一般柴油机和负荷较大的汽油机采用这种形式的缸体，铝合金缸体发动机多采用这种形式。

（3）隧道式气缸体。缸体上的曲轴轴承座为整体式，形成隧道样，这种缸体的发动机采用滚动轴承，安装时，曲轴从一端插入。这种缸体加工精度要求高，工艺性较差，曲轴拆装不方便，但结构紧凑，刚度和强度好。

2. 气缸的排列形式

气缸体内引导活塞做往复运动的圆筒就是气缸。多缸发动机气缸的排列形式决定了发动机的外形尺寸和结构特点，对发动机气缸体的刚度和强度也有影响，并关系到汽车的总体布置。目前主流发动机气缸排列形式有直列式和V形式排列。非主流的气缸排列方式有W形式排列和水平对置式。

（1）L形式。直列发动机。一般缩写为L。直列布局是如今使用最为广泛的气缸排列形式，尤其是在2.5L以下排量的发动机上。一般缸体是竖立的，气缸是垂直排成单行，结构简单，加工方便，但高度较高，长度较长。

（2）V形式。气缸分为左右两排成V形。其优点是发动机总长度缩短，高度降低，结构紧凑，功率增大，刚度加强，重量减轻等。但发动机宽度加大，形状比较复杂，六缸以上的发动机多采用这种形式。

在V形发动机当中，较常见的是60°、90°的气缸夹角，60°夹角是最优化的设计，因而绝大多数的V6发动机都是采用这种布局形式。比较特殊的是大众的VR6发动机。采用15°夹角的设计，使得发动机的体积非常紧凑，甚至能够符合横置发动机设计的要求。VR6发动机具有V6的短小以及L形狭窄的优势。

（3）W形式。W形发动机的气缸是近似W形排列，是德国大众专属发动机技术。将V形发动机的每侧气缸再进行小角度地错开，就成了W形发动机。或者说W形发动机的气缸排列形式是由两个小V形组成一个大V形，两组V形发动机共用一根曲轴。W形与V形发动机相比可将发动机做得更短一些，曲轴也可短些，这样就能节省发动机所占的空间，同时重量也可轻些，但它的宽度更大，使得发动机舱更满。

目前应用W形发动机的只有大众以及它旗下其他品牌的车辆，如老帕萨特的W8发动机，大众辉腾、宾利欧陆和奥迪A8的W12发动机以及布加迪的W16发动机。

（4）H形式。水平对置式发动机也称为H形发动机，是把气缸对置排列在同一水平面上，气缸夹角为180°。这样降低了发动机的总高度，降低了汽车的重心，结构也更加紧凑，均衡的分配也为车辆带了更好的操控性。但是水平对置发动机的制造成本和工艺难度相当高，所以目前世界上只有保时捷和斯巴鲁两个厂商在使用。

操作流程（如表6-4所示）

表6-4　　　　　　　　　　气缸体变形检测标准化作业流程表

学生姓名：　　　　　　　班级：　　　　　　作业时间：

序号	作业示图	作业内容	作业说明
\multicolumn{4}{c}{作业前准备工作}			
1		作业环境检查 ①检查工位是否存在安全隐患 ②检查工位是否配备灭火器	质量意识 安全意识
2		工具、设备检查 检查作业所需要的工具、量具设备是否完备。	质量意识
		作业流程及标准	
		气缸体变形的检测	
1		用铲刀清洁气缸体表面的积碳	
2		用毛巾清洁气缸体表面	
3		清洁刀口尺	
4		清洁塞尺	
5		使用刀口尺和塞尺对气缸体上表面进行平面度检测	
6		填写工单，处理数据	
7		查询维修手册，得出维修结论	
		作业后整理工作	
1		7S管理	标准意识、管理意识、环保意识
2		完善工单	①字迹清晰 ②语句通顺 ③无错别字 ④无涂改 ⑤无抄袭
3		交付验收	质量意识、沟通能力、服务意识

学习考评

作业工单如表6-5所示。

表6-5

工作任务：		考核时间：分钟			
姓名：	班级：		学号：		学生签字：
学习：□合格 □不合格	练习：□合格 □不合格		考核：□合格 □不合格		
日期：	日期：		日期：		
位置号	测量结果		位置号	测量结果	
1			4		
2			5		
3			6		
平面度					
是否合格					
维修意见					
标注出测量点的位置：					

学习反馈

学习质效反馈表如表6-6所示。

表6-6　　　　　　　　　　　学习质效反馈表

工作任务				教师	
学生姓名		班级		日期	
学习质效反馈					
反馈项目	自评	互评	师评	努力方向、改进措施	
作业准备	□合格 □不合格	□合格 □不合格	□合格 □不合格		
操作过程	□合格 □不合格	□合格 □不合格	□合格 □不合格		
工单填写	□合格 □不合格	□合格 □不合格	□合格 □不合格		
职业素养	□合格 □不合格	□合格 □不合格	□合格 □不合格		
学生签字		组长签字		教师签字	

考核报告

实训考核报告如表6-7所示。

表6-7　　　　　　　　　　　实训考核报告

实训时间：		实训课程：			
学生姓名：		工作任务：			
学生班级：	实训成绩	自评（学习）		互评（练习）	师评（考核）
一、实训目的						

续表

二、实训准备		
三、实训过程		
四、实训收获		
知识	技能	素养
五、实训建议		

任务二　气缸体磨损的检测

学习目标

通过本项目任务学习，能对气缸体变形进行检测作业，具体达成以下能力，如表6-8所示。

表6-8

序号	类型	目标
1	知识目标	①了解气缸磨损的特点 ②了解气缸磨损的原因 ③熟悉气缸磨损的规律
2	技能目标	①掌握量缸表的使用方法 ②掌握气缸磨损的测量步骤 ③掌握圆度、圆柱度的计算方法
3	素养目标	①具有爱岗敬业、诚实守信、吃苦耐劳的工作态度 ②具备团结协作、严谨分析的能力 ③具有安全、文明生产、规范操作、创新、环保的意识

学习时间（如表6-9所示）

表6-9

建议学时	
新授课	强化训练

学习安排（如表6-10所示）

表6-10

课堂环节	时段一（新授课）	时段二（强化训练）
能力分析	√	
规范流程	√	
轮换练习	√	√
学习考评	√	√
学习反馈	√	√

学习导入

王老师的桑塔纳2000GSI轿车行驶一段时间以后,出现发动机功率下降的问题,进行气缸压力检测之后,发现低于正常值。

那么该如何检测气缸体的磨损呢?

操作时有哪些使用规范呢?

学习准备

一、实训场地(如表6-11所示)

表6-11

实训地点	工位序号	安全检查

二、工具设备(如表6-12所示)

表6-12

序号	名称	检查确认
1	发动机气缸体	
2	外径千分尺	
3	铲刀	
4	游标卡尺	
5	量缸表	
6	毛巾	
7	台虎钳	
8	维修资料	

学习内容

一、气缸磨损的特点

气缸磨损的特点如下:

气缸和活塞环是在润滑不良、高温、高压、交变载荷和腐蚀性物质的作用下工作的。一般情况下，粘着磨损和腐蚀磨损较大。

在正常情况下，气缸沿工作表面在活塞环运动区域内的磨损是沿高度方向呈上大下小的不规则锥形。磨损的大部位是活塞在上止点位置时，第一道活塞环相对应的缸壁。而活塞环与缸壁不接触的上口几乎没有发生磨损而形成明显的缸肩。

气缸沿圆周方向的磨损也是不均匀的，形成不规则的椭圆形。其各向的磨损量往往相差3~5倍，大磨损部位往往随气缸结构、使用条件的不同而不同，一般是左右方向磨损大。

二、气缸的磨损规律

气缸在使用中的磨损程度（指活塞环运动的区域内）是不均匀的，沿气缸的长度方向（纵断面）看，磨损是上大下小，失去原来的圆柱形状。沿圆周方向磨损后失去原来的正圆形状，大径向磨损区域一般接近进气门的对面。气缸上口活塞环接触不到的地方，几乎没有磨损，于是形成了"台阶"。

气缸的磨损程度对汽车的动力性影响大。气缸磨损使其与活塞、活塞环的配合，间隙增大，使气缸压缩时的压力降低，导致发动机动力性下降。造成气缸磨损的原因很多，主要有润滑不良、机械磨损、酸性腐蚀和磨料磨损等。

气缸在使用过程中，其表面在活塞环运动的区域内形成不均匀的磨损。沿气缸轴线方向磨成上大下小的锥形，磨损大部位是当活塞在上止点位置时第一道活塞环相对应的缸壁。

活塞环不接触的上口，几乎没有磨损而形成台阶。气缸沿圆周方向磨损也不均匀，形成不规则的椭圆形，大径向磨损区通常接近于进气门的对面。

三、气缸体磨损原因分析

经过分析，气缸体磨损的主要原因可归纳以下五个方面：

（1）活塞环在第一道活塞环对应的上止点稍下的部位换向，运动速度几乎为零，环的布油能力最差，润滑能力弱。

（2）因爆发燃烧的压力温度最高，可燃混合气燃烧产生的酸性氧化物生成的矿物酸最多，附着在气缸壁上，不能被油膜完全覆盖，在这个部位上腐蚀磨损严重。

（3）进气气流对缸壁局部的冷却以及未雾化的燃油颗粒对局部缸壁上润滑油膜的

破坏，强化了局部缸壁的"冷激"效应。

（4）进气中的灰尘在此处缸壁上有较多的附着量，不但能加剧此处的腐蚀磨损，也加剧了此处的磨料磨损。

（5）活塞在此处所承受的侧向力大，活塞环的背压最大，容易破坏缸壁上的润滑油膜，加剧此部位的粘着磨损。

操作流程（如表6-13所示）

表6-13　　　　　　　　气缸体变形的检测标准化作业流程表

学生姓名：　　　　　　班级：　　　　　　作业时间：

序号	作业示图	作业内容	作业说明
作业前准备工作			
1		作业环境检查 ①检查工位是否存在安全隐患 ②检查工位是否配备灭火器	质量意识、安全意识
2		工具、设备检查 检查作业所需要的工具、量具设备是否完备	质量意识
作业流程及标准			
		清洁气缸体	
		清洁游标卡尺	
		校零游标卡尺	
		利用游标卡尺测量待测气缸的直径并记录	7S意识 正确选用量具
		利用游标卡尺测量待测气缸的高度	
		利用游标卡尺和粉笔在气缸内标注出三个测量平面（上平面在距离气缸上平面10mm处，中平面在气缸的中部，下平面在距离气缸下平面10mm处）	
		清洁并校零千分尺	
		将千分尺固定在台虎钳上	
		将千分尺调至测量的气缸直径	7S意识 正确选用量具

续表

序号	作业示图	作业内容	作业说明
		清洁并校零量缸表	
		将量缸表装入表杆并预压1mm	
		根据气缸直径选择合适量程的测量接杆	7S意识 正确选用量具
		将量缸表放在千分尺上校准至气缸直径并再次预压1mm	
		用校准好的百分表在平行于曲轴轴线方向和垂直于曲轴轴线方向等两方位上测量气缸的上平面的两个直径值并记录（测量时，便量缸表的活动测杆同气缸轴线保持垂直，才能测量准确。当前后摆动量缸表，表针指示到最小数字时，即表示活动测杆已垂直于气缸轴线）	
		用校准好的百分表测量气缸的中平面的两个直径值并记录	
		用校准好的百分表测量气缸的下平面的两个直径值并记录	
		数据处理，计算出气缸的圆度以及圆柱度	
		查询维修手册，得出维修结论	数据分析能力 正确查询资料的能力
		清洁游标卡尺、千分尺、百分表并放置原位	
		清洁气缸，整理工位	
	作业后整理工作		
1		7S管理	标准意识、管理意识、环保意识
2		完善工单	①字迹清晰 ②语句通顺 ③无错别字 ④无涂改 ⑤无抄袭
3		交付验收	质量意识、沟通能力、服务意识

学习考评

作业工单如表6-14所示。

表6-14

工作任务：		考核时间：分钟	
姓名：	班级：	学号：	学生签字：
学习：□合格 □不合格	练习：□合格 □不合格	考核：□合格 □不合格	
日期：	日期：	日期：	
测量气缸		测量直径	
测量平面	测量值1	测量直径2	圆度
上平面			
中平面			
下平面			
圆柱度			
是否合格			
维修意见			

学习反馈

学习质效反馈表如表6-15所示。

表6-15　　　　　　　　　学习质效反馈表

工作任务				教师	
学生姓名		班级		日期	
学习质效反馈					
反馈项目	自评	互评	师评	努力方向、改进措施	
作业准备	□合格 □不合格	□合格 □不合格	□合格 □不合格		
操作过程	□合格 □不合格	□合格 □不合格	□合格 □不合格		
工单填写	□合格 □不合格	□合格 □不合格	□合格 □不合格		
职业素养	□合格 □不合格	□合格 □不合格	□合格 □不合格		
学生签字		组长签字		教师签字	

❖ 考核报告

实训考核报告如表6-16所示。

表6-16　　　　　　　　　　实训考核报告

实训时间:		实训课程:					
学生姓名:		工作任务:					
学生班级:		实训成绩	自评（学习）		互评（练习）		师评（考核）
一、实训目的							
二、实训准备							
三、实训过程							
四、实训收获							
知识		技能			素养		
五、实训建议							

参考文献

[1]王东光.汽车维护[M].北京：高等教育出版社，2018.
[2]赵俊山.汽车发动机电器与控制系统检修[M].北京：高等教育出版社，2018.
[3]刘冬生.汽车发动机构造与维修[M].北京：机械工业出版社，2018.
[4]郇延建.汽车发动机构造与维修[M].北京：机械工业出版社，2019.